中国审定登记草品种集

(1999—2006)

全国草品种审定委员会　编

中 国 农 业 出 版 社

图书在版编目（CIP）数据

中国审定登记草品种集：1999～2006/全国草品种审定委员会编．—北京：中国农业出版社，2007.12
ISBN 978-7-109-12379-3

Ⅰ.中… Ⅱ.全… Ⅲ.草—品种—中国—1999～2006
Ⅳ.S688.4

中国版本图书馆CIP数据核字（2007）第178847号

中国农业出版社出版
（北京市朝阳区农展馆北路2号）
（邮政编码 100026）
责任编辑 赵 刚

中国农业出版社印刷厂印刷 新华书店北京发行所发行
2008年3月第1版 2008年3月北京第1次印刷

开本：850mm×1168mm 1/32 印张：6.375 插页：12
字数：123千字 印数：1～3 000册
定价：20.00元

编　委　会

前　言

为促进新草品种的推广和应用，便于草业科研、教学、生产、管理单位工作人员和农牧民全面了解审定登记草品种的情况，全国牧草品种审定委员会先后编辑出版了《中国牧草登记品种集》（收录有1987—1991年审定登记品种105个）、《LICENSED CULTIVARS OF HERBAGE CROPS IN CHINA》（《中国牧草登记品种集》的英文版）和《中国牧草登记品种集（修订版）》（收录有1987—1998年审定登记品种196个），均受到了广大读者的欢迎。

根据《农业部办公厅关于全国牧草品种审定委员会更名的通知》（农办人［2006］5号）和《农业部关于成立第五届全国草品种审定委员会的通知》（农牧发［2006］14号），全国牧草品种审定委员会更名为全国草品种审定委员会，原秘书处改为办公室，设在全国畜牧总站。

1999年以来，全国牧草品种审定委员会第三、四届和全国草品种审定委员会第五届全体委员对申报的草品种进行了审查和评价，共审定登记草品种141个，其中育成新品种55个，地方品种2个，引进品种60个，野生栽培品种24个。2006年，全国草品种审定委员会决定出版《中国审定登记草品种集（1999—2006）》。

本书编写人员有苏加楷、负旭疆、周禾、李聪、张文淑和马金星等，审稿人有苏加楷、曹致中、云锦凤和鲍健寅。同时初稿编写完成后征求了各品种申报人的意见，绝大多数申报人如期回复了意见。对他们辛勤的劳动一并表示衷心的感谢。

本书的编撰仍按照禾本科、豆科、藜科、十字花科、大戟科五大类，各类中的品种按属种拉丁学名字母顺序，各品种按品种全称（拉丁学名）、品种登记号、草种名称、品种名称、登记日期、申报者/育种者、品种来源、育种方法（适用于育成品种）、形态特征、生物学特性、基础原种、适应地区等顺序编排。计量采用《中华人民共和国法定计量单位》。

部分申报者未能按规定时间反馈相关品种修改意见，则由编委会根据原品种申报材料确定。由于时间仓促，错误在所难免，敬请读者批评指正。

全国草品种审定委员会

二〇〇七年十月十五日

目　录

禾本科

冰草属 *Agropyron* J. Gaertn

蒙农杂种冰草

Agropyron cristatum×*A. desertorum* cv.
Hycrest - Mengnong

品种登记号 200

草种名称 杂种冰草

品种名称 蒙农

登记日期 1999年11月29日

育种者 内蒙古农业大学。云锦凤、于卓、李造哲、米福贵、孙海莲。

品种来源 以引自美国的杂种冰草品种 Hycrest 为育种原始材料，经2次单株选择和1次混合选择育成。原杂种冰草品种 Hycrest 是以二倍体航道冰草诱导加倍为四倍体作母本，以天然四倍体沙生冰草作父本杂交育成。

育种方法 系统选育法。

形态特征 多年生疏丛型禾草。四倍体，2n＝4X＝28。植株整齐，株高90～105cm。叶长14～18cm，叶宽7～9mm，叶量多，每秆常具6片叶，叶色深绿。穗状花序排列紧密，长 8～11cm，宽 2.5～3.8cm。每穗有小穗 35～46 枚，每小穗有小花 9～11 朵，顶端小花不育。颖片披针形，外稃先端具短芒尖，长约 3～6mm，千粒重 3g。

生物学特性 抗寒性强，在内蒙古自治区锡林郭勒盟冬季－38℃低温条件下能安全越冬。抗旱性和耐盐性较强，植株基部节间短缩粗壮，抗倒伏。品质好，营养价值较高。开花期干物质中含粗蛋白质 12.16％，粗脂肪 2.56％，粗纤维 39.96％，无氮浸出物 39.42％，粗灰分 5.90％，钙 1.49％，磷 0.11％。在内蒙古锡林郭勒盟、巴彦淖尔市、呼和浩特市种植，干草产量为 7 300～8 900kg/hm^2。用于放牧，因其产草量高，更适合刈制干草。

基础原种 保存于内蒙古农业大学。

适应地区 我国北方年降水量 300～400mm 的干旱半干旱地区均可种植。

蒙农 1 号蒙古冰草

Agropyron mongolicum Keng cv. Mengnong No. 1

品种登记号 305

草种名称 蒙古冰草

品种名称 蒙农 1 号

登记日期 2005 年 11 月 27 日

育种者 内蒙古农业大学。云锦凤、张众、于卓、解新明、赵景峰。

品种来源 以野生栽培品种内蒙沙芦草（蒙古冰草）为原始材料，连续进行 3 代单株选择，获得 260 个优良单株，混合采收种子作为原种。

育种方法 系统选育法。

形态特征 多年生疏丛型禾草。须根系，根具沙套，秆直立，高 90～120cm，3～4 节。具 3～4 片叶，叶鞘光滑无毛，短于节间，叶片深绿色，长 10～18cm，宽 4～6mm，干旱时内卷。穗状花序，长 12～18cm，具小穗 24～36 个，小穗向上斜升，排列较疏松，含小花 6～14 朵。颖片披针形，外稃顶端具短芒，长约 2mm，种子千粒重 2g。

生物学特性 抗寒，抗旱，适应性强；春季返青早，秋季枯黄晚，青绿期长。茎叶柔软，适口性好。抽穗期干物质中含粗蛋白质 16.48%，粗脂肪 4.21%，粗纤维 33.41%，无氮浸出物 38.75%，粗灰分 7.15%。在内蒙古呼和浩特市、正蓝旗和苏尼特右旗种植，年均干草产量为 4 600～7 600kg/hm^2。可用作放牧和刈割调制优质干草，近年来多用于沙化、退化草地改良。

基础原种 保存于内蒙古农业大学。

适应地区 适宜我国内蒙古自治区及北方年降水量 200～400mm 的干旱半干旱地区种植。

翦股颖属 *Agrostis* L.

粤选 1 号匍匐翦股颖

Agrostis stolonifera L. cv. Yuexuan No. 1

品种登记号 288

草种名称 匍匐翦股颖

品种名称 粤选1号

登记日期 2004年12月8日

育种者 仲恺农业技术学院、中山大学、中山伟胜高尔夫服务有限公司。陈平、席嘉宾、吴秀峰、刘艾、郭伟经。

品种来源 来自匍匐翦股颖 Penncross 品种的变异株系。Penncross 品种是由美国宾夕法尼亚大学育成。

育种方法 1996年在广东中山温泉高尔夫球场14号果岭区，从1983年种植的匍匐翦股颖 Penncross 品种的草坪中，发现了一些匍匐茎主枝节间短，分蘖致密，叶片较小的变异株系，将这些变异株系进一步提纯、扩繁，选育出粤选1号匍匐翦股颖。

形态特征 多年生匍匐型禾草。具发达的匍匐茎，茎上部直立，高7～15cm。叶鞘无毛，叶舌膜质，长圆形；叶片线性，长3～7cm，宽2～4mm，边缘和脉上微粗糙。圆锥花序，长11～20cm，小穗长2.0～2.2mm。在华南地区因光温效应不能抽穗，无法形成花序。生产上采用营养体繁殖。

生物学特性 在华南地区四季常绿，能度过盛夏时的高温期。适宜的水肥管理和病害防治在夏季高温季节较为重要。能够忍受部分遮荫，在疏林下生长良好，但在光照充足时生长最好。耐践踏性能较好。可适应多种土壤，尤其最适宜在肥沃、中等酸度、保水力好的土壤中生长。具有草皮致密、质地精细、色泽光亮、匍匐茎节间短、茎细、叶片较小及叶鞘短等优良的坪用特性。适宜用于建植高尔夫球场的果岭区。

基础原种　由仲恺农业技术学院保存。

适应地区　长江流域及其以南地区，年降水量在800mm以上的亚热带、南亚热带地区。

燕麦属　*Avena* L.

锋利燕麦

Avena sativa L. cv. Enterprise

品种登记号　332

草种名称　燕麦

品种名称　锋利

登记日期　2006年12月13日

申报者　中国农业科学院北京畜牧兽医研究所、百绿（天津）国际草业有限公司。袁庆华、李向林、房丽宁、张文淑、何峰。

品种来源　2003年百绿（天津）国际草业有限公司从澳大利亚引入。原品种由百绿集团澳大利亚公司（Heritage Seed Pty Ltd）于1993年注册。

形态特征　一年生疏丛型粮草兼用禾草。须根系。分蘖3～6个，茎秆直立，株高50～75cm，茎粗4～5mm，生长整齐一致。叶片宽厚，叶色浓绿，叶长39～42cm，叶宽1.8～2.3cm。圆锥花序，周散型，穗长18.2cm。颖果纺锤形，腹面具纵沟，长1.15cm，宽0.29cm，千粒重37.6g。

生物学特性　再生性强，一年可刈割2～3次。有较强的抗锈病、抗倒伏能力。干草产量可达13 000kg/hm^2，籽实产量可达 4 000kg/hm^2。营养丰富，适口性好，开花期干物质中含粗蛋白质 12.59%，粗脂肪 2.17%，粗纤维 26.21%，无氮浸出物 49.95%，粗灰分 9.08%，钙 0.30%，磷 0.41%。

基础原种 由百绿集团澳大利亚公司（Heritage Seed Pty Ltd）保存。

适应地区 种植区域广泛，在我国南方地区适宜秋播，北方地区适宜春播。

青引 1 号燕麦

Avena sativa L. cv. Qingyin No. 1

品种登记号 281

草种名称 燕麦

品种名称 青引 1 号

登记日期 2004 年 12 月 8 日

申报者 青海省畜牧兽医科学院草原研究所。韩志林、周青平、王柳英、颜红波、德科加。

品种来源 原产河北省张北地区，1957 年全国统一编号为青永久 001。该品种是青海省畜牧兽医科学院草原研究所自 1985 年以来筛选出的优良品种之一。

形态特征 一年生草本，粮草兼用型品种。株高 120～170cm，茎粗 0.5cm，叶长 30～40cm，宽约 1.9cm，叶绿色。主穗长 19～21cm，穗型周散，种子浅黄色，纺锤形，种子长 1.34cm、宽 0.37cm，千粒重 30～36g。

生物学特性 早熟，在青海西宁生育期 95 天左右，在海拔 2 700m 的青海湟中县生育期约 110 天。茎叶柔软，适口性好，开花期全株干物质中含粗蛋白质 7.01%，粗脂肪 1.90%，粗纤维 39.13%，无氮浸出物 45.37%，粗灰分 6.59%，耐寒，抗倒伏。在西宁地区干草产量为 12t/hm^2，种子产量 3 450kg/hm^2。

基础原种 由青海省畜牧兽医科学院草原研究所保存。

适应地区 适宜于青海省海拔 3 000m 以下地区粮草兼用，3 000m 以上的地区作饲草种植。

青引 2 号燕麦

Avena sativa L. cv. Qingyin No. 2

品种登记号 282

草种名称 燕麦

品种名 青引 2 号

登记日期 2004 年 12 月 8 日

申报者 青海省畜牧兽医科学院草原研究所。周青平、韩志林、颜红波、徐成体、刘文辉。

品种来源 1960 年由加拿大引进，1975 年全国统一编号为青永久 473。

形态特征 一年生草本，粮草兼用型品种。株高 140～160cm，茎粗 0.4～0.6cm。叶长 21～38cm、宽约 1.3～1.7cm。主穗长 18～22cm，穗型周散。种子披针形，浅黄色，种子长 1.3cm、宽 0.35cm，千粒重 30～35g。

生物学特性 茎叶柔软，适口性好，开花期全株干物质中含粗蛋白质 7.80%，粗脂肪 3.62%，粗纤维 36.48%，无氮浸出物 43.55%，粗灰分 8.55%。在青海西宁地区生育期约 100 天。耐寒，抗倒伏。在青海省海拔 3 000m 以下的东部农业区可完成生育期，在海拔 3 000m 以上的牧区，适宜作收获牧草种植。在西宁地区种植，一般种子产量为4 500 kg/hm^2 左右。在海拔 4 000m 的高寒地区鲜草产量达55 000 kg/hm^2。

基础原种 青海省畜牧兽医科学院草原研究所保存。

适应地区 适宜于青海省海拔 3 000m 以下地区粮草兼用，3 000m 以上地区作饲草种植。

青早 1 号燕麦

Avena sativa L. cv. Qingzao No. 1

品种登记号 203

草种名称 燕麦

品种名称 青早 1 号

登记日期 1999 年 11 月 29 日

育种者 青海大学农牧学院草原系。尹大海、乔有明、裴海昆、魏臻武、刘振魁。

品种来源 以本地黄燕麦（农家品种）为母本，OA - 313（引自加拿大）为父本杂交选育而成。

育种方法 杂交育种，从组配的多个杂交组合中选择抗旱早熟的本地黄燕麦×OA - 313 组合，按系谱法选育而成。

形态特征 一年生草本，早熟粒用型。株高 70～90cm，叶片较小。分蘖力弱，成穗率较低。穗形周散，稃实外稃基本无芒，每穗有种子 13～35 粒，种子纺锤形，饱满，整齐度好，千粒重 27～34g。

生物学特性 耐寒、耐旱、极早熟，适宜于在青藏高原牧区种植，生育期为 78 天（西宁，海拔 2 250m）～110 天（青海省果洛州大武镇，海拔 3 750m）。在≥5℃年积温为 900℃左右、无绝对无霜期的高寒牧区，籽粒产量为 1 125～1 200kg/hm²。种子干物质中含粗蛋白质 14.80%，粗脂肪 4.90%，粗纤维 9.70%，无氮浸出物 66.70%，粗灰分 3.90%，种子成熟后不落粒。

基础原种 由青海大学农牧学院草原系保存。

适应地区 ≥5℃年积温 900℃左右，无绝对无霜期的高寒地区。

地毯草属 *Axonopus* Beauv.

华南地毯草

Axonopus compressus（Sw.）Beauv. cv. Huanan

品种登记号 216

草种名称 地毯草（亦称大叶油草）

品种名称 华南

登记日期 2000 年 12 月 25 日

申报者 中国热带农业科学院热带牧草研究中心。白昌军、易克贤、刘国道、韦家少、李开绵。

品种来源 地毯草原产南美洲，我国于 20 世纪 50 年代作为牧草引入种植，现广布于海南、广东等省区开阔草地，疏林下和路边，已成为野生状态，申报者将其收集、栽培推广。

形态特征 多年生草本植物。具长匍匐茎。秆高15～40cm，压扁，一侧具沟，节常被灰白色髯毛。叶剑形，质柔薄，先端钝，通常上被柔毛，边缘具细柔纤毛；直立茎生叶，长10～25cm，宽6～10mm；匍匐茎生叶片较短，长6～13cm，宽4～8mm。总状花序通常3枚以上，小穗单生，含2小花，第一小花结实，第二小花不孕；颖果椭圆至长圆形，长约1.7～2.0mm；千粒重0.20～0.22g。

生物学特性 喜潮湿的热带、亚热带气候，要求年降水量775mm以上。不耐霜冻，生长期要求较高的温度，以22～25℃生长最盛，不耐寒。为多需水植物，土壤水分不足不仅生长不良，而且叶梢干枯，影响绿化效果。喜光稍耐荫，在开旷地叶色浓绿，草层厚；在林下亦能良好生长。喜潮湿肥沃的土壤，但具有较强的耐瘠薄能力。密被地面，形成良好的覆盖层。主要用于绿化以及公路护坡等。

基础原种 由中国热带农业科学院保存。

适应地区 长江以南无霜或少霜，年降水量775mm以上的热带、亚热带地区。

臂形草属 *Brachiaria* Griseb.

热研6号珊状臂形草

Brachiaria brizantha (Hochst. ex A. Rich)

Stapf. cv. Reyan No. 6

品种登记号 215

草种名称 珊状臂形草

品种名称 热研6号

登记日期 2000年12月25日

申报者 中国热带农业科学院热带牧草研究中心。刘国道、白昌军、何华玄、蒋昌顺、韦家少。

品种来源 1963年由原华南热带作物研究院热作所从斯里兰卡引进。

形态特征 多年生丛生型禾草。具根状茎或匍匐茎。株高80～120cm，单株生长幅度达2.5～3.0m。茎扁圆形，具节13～16个，节间长1～30cm，粗2.5～4.5mm，基部节间较短，上部节间较长。叶片线形，长4～28cm，宽1.0～2.1cm，基部叶较短，上部叶较长。圆锥花序由2～8个总状花序组成，长6～20cm。小穗具短柄，含1～2花。第一花为雄花，雌蕊退化，第二花为两性花，雄蕊3枚，雌蕊柱头羽毛状，深紫色。颖果卵形，长4.5～6.0mm，宽2.0～2.1mm，千粒重4～5.4g。

生物学特性 耐酸性土壤，在pH4.5～5.0的强酸性土壤上生长良好。侵占性强，触地各节生根，能迅速扩展。耐践踏和重牧，冬春季保持青绿。耐火烧，草地火烧后存活率大于95%。分蘖力强，植后2.5个月，单株分蘖数达165～225个。适口性好，牛羊喜食。营养生长期干物质中含粗蛋白质7.11%，粗脂肪2.64%，粗纤维21.76%，无氮浸出物60.58%，粗灰分7.91%，钙0.32%，磷0.12%。在海南省干草产量可达15t/hm^2。

基础原种 由中国热带农业科学院热带牧草研究中心保存。

适应地区 海南、广东、广西、福建等省区及云南南部和四川省的仁和、米易等地均可种植。

热研14号网脉臂形草

Brachiaria dictyoneura (Fig &De Not) Stapf. cv. Reyan No. 14

品种登记号 283

草种名称 网脉臂形草

品种名称 热研14号

登记日期 2004年12月8日

申报者 中国热带农业科学院热带作物品种资源研究所。刘国道、白昌军、何华玄、王东劲、陈志权。

品种来源 1991年从哥伦比亚国际热带农业中心(CIAT)引进，原编号CIAT6133。

形态特征 多年生匍匐型禾草。秆半直立，株高40～120cm，具长匍匐茎和短根状茎。匍匐茎扁圆形，细长，略带红色，具10～18个节，节间长8～20cm，基部节间较短，中上部节间较长。叶片线形、条形至披针形，长20～40cm，宽3～18mm，常对折或遇干旱时内卷。叶片光滑，叶舌膜质，叶鞘抱茎。圆锥花序由3～8个总状花序组成，花序轴长5～25cm，总状花序1～8cm，具长纤毛。小穗具短柄，交互成两行排列于穗轴一侧，小穗椭圆形，每小穗具2小花，第一花为雄花，雌蕊退化，第二花为两性花。颖果卵形长4.1mm，宽1.9mm，千粒重4.7g。

生物学特性 适应性广，抗逆性强，特别耐干旱和酸瘦土壤，能在 pH4.5～5.0 的强酸性土壤和极贫瘠的砂质土壤上生长良好。侵占性强，触地各节均可生根，扩展迅速，耐践踏和重牧。开花期干物质中含粗蛋白质 7.83%，粗脂肪 1.49%，粗纤维 35.49%，无氮浸出物 46.01%，粗灰分 9.18%，钙 0.13%，磷 0.15%。在海南省文昌县、儋州市、昌江县、东方县等地种植，年均干草产量为 9 975kg/hm^2。

基础原种 保存于中国热带农业科学院热带作物品种资源研究所。

适应地区 适宜年降水量 750mm 以上热带和南亚热带地区种植。

热研 15 号刚果臂形草

Brachiaria ruziziensis Germain & Evard. cv. Reyan No. 15

品种登记号 306

草种名称 刚果臂形草

品种名称 热研 15 号

登记日期 2005 年 11 月 27 日

申报者 中国热带农业科学院热带作物品种资源研究所。白昌军、刘国道、王东劲、虞道耿、陈志权。

品种来源 1991 年从哥伦比亚国际热带农业中心 (CIAI) 引入。

形态特征 多年生丛生型匍匐禾草。秆半直立，多毛，具短的根状茎，向四周扩繁能力强。开花期秆高 50～150cm，匍匐茎扁圆形，具 5～18 个节，节间长 8～20cm，节稍膨大并在节处带拐。叶片上举，狭披针形，长 5～

28cm，宽 8～19mm，两面被柔毛。圆锥花序顶生，由 3～9 个穗形总状花序组成，花序轴长 4～10cm，穗形总状花序长 3～6cm；小穗具短柄，单生，交互成两行排列于穗轴一侧。小穗长椭圆形，长约 3.5～5mm，宽约 1.5mm；每小穗含 2 小花，第一小花雄性，雌蕊退化不孕，第二小花两性，可孕。颖果卵形，长 5.1mm，宽 1.7mm，千粒重 4.0～6.0g。

生物学特性 喜湿润的热带气候，最适生长温度为20～35℃，不耐霜冻，轻霜后春季再生速度很慢。耐干旱力强，可耐冬春季 5 个月（12 月～翌年 4 月）以上的干旱。耐酸瘦土壤，在 pH4.5～5.0 的强酸性土壤和极贫瘠的土壤上持久生长。侵占性强，触地各节生根，能与飞机草等恶性杂草竞争。开花期干物质中含粗蛋白质 7.01%，粗脂肪 1.94%，粗纤维 29.45%，无氮浸出物 55.43%，粗灰分 6.17%，钙 0.25%，磷 0.11%。在海南省儋州市、昌江县、乐东县和云南省元谋县种植，年均干草产量为12 000kg/hm^2。

基础原种 保存于中国热带农业科学院。

适应地区 适宜我国年降水量 750mm 以上热带和南亚热带地区种植，可用于草地改良、固土护坡、刈割或放牧利用。

雀麦属 *Bromus* L.

锡林郭勒缘毛雀麦

Bromus ciliatus L. cv. Xilinguole

品种登记号 239

草种名称 缘毛雀麦

品种名称 锡林郭勒

登记日期 2002 年 12 月 11 日

申报者 内蒙古农业大学。石凤翎、王立群、王俊杰、杨静、赵景峰。

品种来源 采自内蒙古锡林郭勒盟宝格达山地区的野生缘毛雀麦种子，经栽培驯化而成。

形态特征 多年生根茎疏丛型禾草。株高 60～120cm。叶色深绿，叶长 14～25cm，叶宽 0.6～1.3cm，叶舌膜质，叶耳三角形。圆锥花序长 15～30cm，小穗稀疏排列，种子成熟时小穗多数垂向一侧。小穗有小花 9～13 朵，小穗轴具茸毛，外稃顶端有 1.27～2.65mm 短芒，外稃草质，中下部边缘多毛，内稃膜质。颖果褐色，扁平，长椭圆形，成熟时下半部紧贴内稃，长约 10mm，种子千粒重 4.78～5.95g。

生物学特性 适应性强，耐寒、抗旱、耐牧、抗倒伏，返青早，枯黄迟，青绿期长。草质柔嫩，适口性好，叶量丰富。叶量重约占全株重的 45.5%～64.3%。抽穗期干物质中含粗蛋白质 14.76%，粗脂肪 3.32%，粗纤维 35.61%，无氮浸出物 37.51%，粗灰分 8.80%，钙 0.73%，磷 0.32%。在内蒙古呼和浩特、锡林郭勒、呼伦贝尔等地种植，一般干草产量为 4 100～5 600kg/hm^2。

基础原种 保存于内蒙古农业大学。

适应地区 适宜我国北方年降水量 300mm 以上的地区种植。

乌苏1号无芒雀麦

Bromus inermis Leyss. cv. Wusu No. 1

品种登记号 259

草种名称 无芒雀麦

品种名称 乌苏1号

登记日期 2003年12月7日

育种者 新疆乌苏市草原工作站。张鸿书、张希山、代连义、福丽菲亚、王志杰。

品种来源 1988年以奇台无芒雀麦种子田选出的734个优良单株为原始材料，经多年系统选育而成。

育种方法 系统选育法。

形态特征 多年生根茎型禾草。根茎发达，侵占力强。秆直立，粗壮光滑，株高82～120cm，具5～7节。叶片灰绿色至绿色，线形，长20.4cm，宽0.96cm，表面光滑，叶脉清晰。松散圆锥花序，长21.1cm，小穗有小花4～8朵，第一外稃常无芒或具1～2mm短芒。颖果披针形，薄而扁平，成熟时呈黑紫色或暗褐色，长10.2mm，宽1.77mm，种子腹沟明显，千粒重4.1g。

生物学特性 耐旱性强，在新疆干旱地区生长季内灌水5～7次可获得较高的产草量。可在降水量300mm以上地区旱作生产。耐盐性强，可在总含盐量0.3%～0.6%的土壤上生长。草质柔软，适口性好。第二茬营养生长期干物质中含粗蛋白质18.35%，粗脂肪3.15%，粗纤维32.66%，无氮浸出物34.03%，粗灰分11.81%。在新疆乌苏市、塔城市等地种植，年平均干草产量为 10 000～13 000kg/hm^2。

基础原种　保存于新疆乌苏市草原工作站。

适应地区　适宜新疆海拔 2 500m 以下，年降水量 350mm 地区或有灌溉条件的干旱地区种植。

野牛草属 *Buchloe* Engelm.

京引野牛草

Buchloe dactyloides（Nutt.）Engelm. cv. Jingyin

品种登记号　258

草种名称　野牛草

品种名称　京引

登记日期　2003 年 12 月 7 日

申报者　北京天坛公园、中国农业大学。牛建忠、周禾、邵敏健、韩建国、杨起简。

品种来源　1995 年引自美国。

形态特征　多年生匍匐型禾草。平均株高 23cm。叶片细条形，长达 32cm、宽 2.2mm，柔毛少，绿色。纯雌株，为聚合刺球状头状花序，每一花序有 3 小花，柱头二叉呈紫色；成熟的花序为一个类似聚合果的种球，种球含 1～3 个颖果，颖果具有休眠性。种球千粒重约 19g。

生物学特性　绿色期较长，在北京约为 210 天，秋季枯黄较晚。耐旱，在年降水量 500mm 的地区，不用人工灌溉可正常生长。扩展速度快，较耐践踏。以营养体繁殖，建植与养护成本低。雌花序多，花位高，具有种子生产的潜力。

适宜用于建植粗放管理的草坪与绿地。

基础原种 保存于北京天坛公园。

适应地区 北京市及其气候条件相类似的地区。

中坪1号野牛草

Buchloe dactyloidies (Nutt.) Engelm. cv. Zhongping No.1

品种登记号 327

草种名称 野牛草

品种名称 中坪1号

登记日期 2006年12月13日

育种者 中国农业科学院北京畜牧兽医研究所。李敏、杨青川、方唯、吕会刚、张玉发。

品种来源 以1996—2000年从美国、日本收集的46份野牛草种质材料为原始材料，经多年评价鉴定后获得纯雄株无性系和纯雌株无性系。

育种方法 用多个纯雄株系与多个纯雌株系组配杂交，选出最优组合所产生的杂交种称为中坪1号野牛草，其父本为1号纯雄性株系，母本为1号纯雌性株系。

形态特征 多年生匍匐型禾草。匍匐茎发达，长约30cm。根系发达，入土深40cm左右。草丛自然高度10～15cm。叶片细条形，长约22cm、宽1.94mm，叶色浅绿色。种子包被在聚合状的颖苞（种球）中，种球黄褐色，含1～5粒种子，种球千粒重19.5g。

生物学特性 杂种优势明显，生长势强，匍匐茎发达，成坪速度较快。抗旱、抗病性强，也较耐热、耐寒。

绿期较长，在北京为200～210天。可用种子直播建坪，方便长途运输和播种。可作为草坪草和水土保持植物种植。

基础原种 由中国农业科学院北京畜牧兽医研究所保存。

适应地区 我国暖温带和北亚热带地区。

狗牙根属 *Cynodon* Rich.

喀什狗牙根

Cynodon dactylon (L.) Pers. cv. Kashi

品种登记号 229

草种名称 狗牙根

品种名称 喀什

登记日期 2001年12月22日

申报者 新疆农业大学。阿不来提、石定燧、李培英、赵清、孙宗玖。

品种来源 1992年从新疆南疆平原绿洲野生狗牙根群落中采集的种子和营养体。

形态特征 多年生匍匐型禾草。具发达的根茎和匍匐茎，根茎入土深12cm左右。匍匐茎长80～130cm，粗2～3mm，节间长不等，为2～7cm。生殖枝直立，高17～25cm。叶片条形，长4～9cm，宽3～4mm，叶层高度10～14cm。穗状花序4～5枚，呈指状排列于茎顶，每花序平均含30～50个小穗。颖果卵圆形，千粒重0.433g。

生物学特性 植株低矮，质地较细、色泽好。绿期较长，在乌鲁木齐为190天左右，在喀什210～240天，北京210天左右，杭州270天左右。再生能力强、持续性长，耐践踏、较耐低修剪、易管理，抗旱性强，较抗寒、耐土壤瘠薄，耐热和耐盐碱，病虫害较少，是用于城市绿化、固土护坡、生态恢复的优良草坪型与放牧型兼用品种。

基础原种 由新疆农业大学保存。

适应地区 我国南方和北方较寒冷、干旱、半干旱平原区。

南京狗牙根

Cynodon dactylon（L.）Pers. cv. Nanjing

品种登记号 231

草种名称 狗牙根

品种名称 南京

登记日期 2001年12月22日

申报者 江苏省中国科学院植物研究所。刘建秀、贺善安、刘永东、陈守良、郭爱桂。

品种来源 采集于南京市东郊路边天然草地。

形态特征 多年生匍匐型禾草。具根茎和匍匐茎，匍匐茎长达2m，节间长2.5～5.0cm。叶片条形，长2～10cm，叶宽0.15～0.25cm，有叶舌，无叶耳。穗状花序，3～6枚呈指状排列于茎顶，小穗无柄，覆瓦状成两行排列于穗轴的一侧，长2～2.5cm，含1小花；颖果矩圆形，长0.9～1.1mm，千粒重约0.4g。

生物学特性 低矮纤细，草坪细密美观，富有弹性。自然草层高 2.5～9.5cm，叶色碧绿，生长速度快。耐践踏，耐寒性强，除枯萎病外，无其他明显病虫害，易于养护。在长江中下游地区绿期为 270～285 天。适宜用于运动场草坪、公共绿地、休憩草坪以及护坡草坪。

基础原种 由江苏省中国科学院植物研究所保存。

适应地区 长江中下游地区。

新农 1 号狗牙根

Cynodon dactylon（L.）Pers. cv. Xinnong No. 1

品种登记号 221

草种名称 狗牙根

品种名称 新农 1 号

登记日期 2001 年 12 月 22 日

育种者 新疆农业大学。阿不来提、石定燧、杨茁萌、李培英、赵清。

品种来源 1985 年从新疆伊宁市农田边野生狗牙根群落中采集的营养体。

育种方法 经多年多次混合选择培育而成的草坪型与放牧型兼用品种。

形态特征 多年生匍匐型禾草。具有发达的根茎和匍匐茎，根系深 40cm 左右，根茎入土深 18cm 左右；匍匐茎长 80～150cm，粗 3～4mm，节间长 3～7cm。生殖枝直立，高 25～40 cm，茎粗 1.5～2.5mm。叶层高度 20～30 cm，叶片条形，长 15～20cm，宽 4～6mm。穗状花序 4～

7枚，指状排列于茎顶，花序长4～6cm，每花序平均含30～50个小穗，每小穗含1小花；颖果小，黄白色，千粒重0.426g。

生物学特性 质地较细软，色泽较好。持续性好，绿色期较长，在乌鲁木齐为180天左右，北京210天、杭州270天左右。较耐低修剪，恢复能力和侵占性强，耐践踏、耐土壤瘠薄。易管理，建植管理成本低。抗寒性强，在新疆乌鲁木齐市等地种植能安全越冬。抗旱性强，可在年降水量250mm以上的地区种植。耐热，较耐盐碱，病虫害较少，是用于城市绿化、固土护坡、生态恢复的草坪型与放牧型兼用品种。

基础原种 由新疆农业大学保存。

适应地区 我国南方和北方较寒冷、干旱、半干旱的平原区。

新农2号狗牙根

Cynodon dactylon（L.）Pers. cv. Xinnong No. 2

品种登记号 301

草种名称 狗牙根

品种名称 新农2号

登记日期 2005年11月27日

育种者 新疆农业大学。阿不来提、李培英、张博、孙宗玖、孟林。

品种来源 采集于新疆南疆莎车县农田边野生狗牙根的60个营养体和6份种子。

育种方法　集团选择和混合选择。

形态特征　多年生匍匐型禾草。具根茎和匍匐茎。植株低矮，叶层高度为 9～16cm，生殖枝高度为 20～30cm；茎细，直立，茎粗 0.8～1.4mm，匍匐茎粗 1.2～2.2mm，节间较短。叶片条形，长 2～6cm，宽 2～4mm；穗状花序，4～6 枚呈指状生于茎顶端，花序长 3.5～5.0cm，种子细小，黄白色，千粒重约 0.39g。

生物学特性　植株低矮、质地纤细、色泽深绿、繁殖力强、均一性好。绿色期较长，在北疆 190 天左右，南疆为 215 天左右，北京 210 天左右。耐践踏、耐修剪、易管理、成本低，能形成良好致密草坪。具有抗旱、较抗寒、抗热、病虫害少、较耐荫、耐土壤瘠薄等特性。适宜用于城镇绿化及运动场草坪等。

基础原种　由新疆农业大学保存。

适应地区　我国南方和北方较寒冷、干旱、半干旱平原区。

鸭茅属　*Dactylis* L.

安巴鸭茅

Dactylis glomerata L. cv. Anba

品种登记号　308

草种名称　鸭茅

品种名称　安巴

登记日期　2005 年 11 月 27 日

申报者 四川省金种燎原种业科技有限责任公司、四川省草原工作总站。谢永良、张瑞珍、姚明久、高燕蓉、李元华。

品种来源 1996年从丹麦丹农国际种子公司引进。该品种由丹农种子公司（DLF - TRIFOLIUM A/S）育成，育种材料选自多个来自欧洲的种质材料，经多元杂交选育而成，1976年通过丹麦品种审定登记。

形态特征 多年生疏丛型禾草。株高70～150cm。基生叶丰富，幼叶成折叠状，横切面成“V”形，叶色绿，旗叶长36～38cm，宽0.9～1.3cm。圆锥花序开展，小穗密集成球状，着生在穗轴一侧，小穗长8～9mm，每小穗含3～5朵小花，种子长6～8mm，宽1mm，千粒重1.0～1.25g。

生物学特性 喜湿润而温凉气候，最适生长温度为昼夜21～12℃，高于28℃时生长受阻。耐热性和耐寒性优于多年生黑麦草，耐荫性强，阳光不足或遮荫条件下生长良好，适宜与红三叶、多年生黑麦草等混播，在疏林或果园中种植。草质柔嫩，营养丰富，适口性好。孕穗期干物质中含粗蛋白质12.10%，粗脂肪3.40%，粗纤维28.10%，无氮浸出物48.20%，粗灰分8.20%，钙0.03%，磷0.24%。在四川洪雅县、达州市、宣汉县、合江县、泸州市、广元市等地种植，干物质产量年均10 000～12 000kg/hm^2。

基础原种 保存于丹麦丹农国际种子公司。

适应地区 适宜长江中游海拔600～2 500m的丘陵、山地温凉地区种植。

宝兴鸭茅

Dactylis glomerata L. cv. Baoxing

品种登记号 197

草种名称 鸭茅

品种名称 宝兴

登记日期 1999 年 11 月 29 日

申报者 四川农业大学。张新全、杜逸、蒲朝龙、钟声、帅素容。

品种来源 1991 年从四川省宝兴县及附近地区草山草坡、林间草地采集野生鸭茅种子，经栽培驯化而成。

形态特征 多年生疏丛型禾草。根系发达，茎基部扁平，光滑，茎直立，高 150～170cm。基生叶丰富，幼叶成折叠状，横切面成“V”形，叶长而软，无叶耳，叶舌明显。叶鞘封闭，压扁成龙骨状，叶色蓝绿至浓绿色。圆锥花序，长 10～20cm，小穗着生在穗轴一侧，密集成球状，簇生于穗轴的顶端，小穗长 8～9mm，每小穗含 3～5 朵小花。种子长 6～7mm，宽 1mm，千粒重 1g。

生物学特性 喜温凉湿润气候，耐热、耐旱、耐寒、耐荫性强。再生力强，每年可刈割 5～6 次。孕穗期干物质中含粗蛋白质 13.21%，粗脂肪 5.04%，粗纤维 30.64%，无氮浸出物 39.14%，粗灰分 11.97%。在四川省雅安市、宝兴县、重庆市和巫溪县种植，年均干草产量约11 000kg/hm^2。

基础原种 保存于四川农业大学。

适应地区 适宜长江中游丘陵、平原和海拔 600～

2 500m的地区种植。

川东鸭茅

Dactylis glomerata L. cv. Chuandong

品种登记号 262

草种名称 鸭茅

品种名称 川东

登记日期 2003 年 12 月 7 日

申报者 四川长江草业研究中心、四川省草原工作总站、四川省达州市饲草饲料站。吴立伦、张新跃、何光武、熊建平、陈艳宇。

品种来源 原始材料来源于四川省达县碑庙乡草山草坡上的野生鸭茅，经多年栽培驯化而成。

形态特征 多年生疏丛型禾草。须根系，秆直立，株高90～140cm。幼叶呈折叠状，基生叶密集下披，叶色蓝绿，叶长 36～38cm，宽 9～15mm。圆锥花序，小穗聚集于分枝的上端，含 3～5 朵小花。种子为颖果，长 5～6mm，宽0.6mm，外稃顶端有短芒，千粒重 1.0～1.3g。

生物学特性 耐热、耐夏季伏旱，在夏季高温地区仍可越夏。分蘖力强，再生性极强。叶量丰富，草质柔嫩，适口性好。拔节期干物质中含粗蛋白质 19.22%，粗脂肪 6.91%，粗纤维 25.92%，无氮浸出物 36.83%，粗灰分 11.12%，钙 0.56%，磷 0.37%。在川中山区仁寿县、川南丘陵洪雅县、川东河谷达州市、川北山区广元市等地种植年均干物质产量达 13 000kg/hm^2。

基础原种 保存于四川长江草业研究中心。

适应地区 四川东部及气候条件类似地区。

稗属 *Echinochloa* Beauv.

宁夏无芒稗

Echinochloa crusgalli (L.) Beauv. var. *mitis* (Pursh) Peter. cv. Ningxia

品种登记号 198

草种名称 无芒稗

品种名称 宁夏

登记日期 1999 年 11 月 29 日

申报者 宁夏回族自治区牧草种子检验站。吴素琴、杨平、樊振军、马贵生、陈来祥。

品种来源 宁夏黄灌区分布的野生种，经多年栽培驯化而成。

形态特征 一年生草本。茎秆直立，在灌溉条件下，株高 150～200cm，旱作条件下 70～130cm，分蘖 2～4 个。基生叶 3～5 片，较小。茎生叶 5～7 片，长 15～30cm，宽 0.8～0.2cm。叶片宽条形，无毛，粗糙。圆锥花序直立粗壮；穗长 10～15cm，粗 3～5cm，小穗密集排列于穗轴一侧，单生或不规则簇生。外稃无芒或具极短的芒；花序分枝形成总状花序；第二颖比谷粒稍长，谷粒不外露，以此与本种其他变种相区别。颖果黄褐色，种子椭圆形，灰褐色，千粒重 3.5～4g。

生物学特性 中熟品种，生育期110天左右，比湖南稷子140天提前成熟一个月，可在水稻玉米收获大忙之前收获，不误农时。喜湿喜温，为C_4植物，适应性强，耐盐碱、耐淹、饲草饲料兼用、营养价值高，种子干物质中含粗蛋白质8.70%，粗脂肪6.24%，淀粉49.24%；秸秆干物质中含粗蛋白质6.31%，粗脂肪2.20%，粗纤维36.18%，无氮浸出物46.01%，粗灰分9.30%。籽实及秸秆适口性好，鸟雀畜禽鱼类喜食。干草产量约15t/hm^2，种子产量约3t/hm^2。

基础原种 由宁夏回族自治区牧草种子检验站保存。

适应地区 适宜在宁夏银北盐碱地、河漫滩及其他省区类似地区种植。

披碱草属 *Elymus* L.

同德短芒披碱草

Elymus breviaristatus Keng cv. Tongde

品种登记号 331

草种名称 短芒披碱草

品种名称 同德

登记日期 2006年12月13日

申报者 青海省牧草良种繁殖场、青海省畜牧兽医科学院草原研究所。孙明德、周青平、牛建伟、韩志林、张生莲。

品种来源 1972年在同德县巴滩地区天然草场上采集野生短芒披碱草种子，经30多年栽培驯化而来。

形态特征 多年生疏丛型禾草。具短根茎，茎直立，无毛，3～4 节，下部节多膝曲，株高 70～115cm。叶片线形，长 6～18cm，宽 5～10mm。穗状花序，疏松、柔软而弯垂，长 10～18cm，宽约 8mm，穗轴每节着生小穗 2 枚。小穗灰绿色，成熟后略带紫色，长 10～15mm，含 4～6 朵小花。颖果披针形，灰褐色，长 6.4～8.6mm，宽 1.6～2.1mm，千粒重 3.8～4.6g。

生物学特性 抗旱耐寒，在海拔 4 200m 以下地区能正常生长，在－36℃下能安全越冬。较耐盐碱，在 pH8.5 的土壤上生长良好。病虫害少。干草产量 5 700～7 800kg/hm²，种子产量 600～840kg/hm²。适口性好，盛花期干物质中含粗蛋白质 11.09%，粗脂肪 2.39%，粗纤维 38.71%，无氮浸出物 39.83%，粗灰分 7.98%。

基础原种 由青海省牧草良种繁殖场保存。

适应地区 青藏高原海拔 4 200m 以下及其他类似地区。

康巴垂穗披碱草

Elymus nutans Griseb. cv. Kangba

品种登记号 307

草种名称 垂穗披碱草

品种名称 康巴

登记日期 2005 年 11 月 27 日

申报者 四川省草原工作总站、四川省金种燎原种业科技有限责任公司、甘孜藏族自治州草原工作站。张新跃、谢永良、张瑞珍、李太强、刘镫楷。

品种来源 1996年在四川省甘孜藏族自治州采集野生垂穗披碱草，经栽培驯化而成。

形态特征 多年生疏丛型禾草。须根系，秆直立，基部节稍膝曲，株高60～120cm。叶片条形，扁平，长6～10cm，宽3～5mm。穗状花序，长10～16cm，小穗含小花3～4朵。颖果长圆形，外稃延长成芒，芒长12～20mm，芒稍展开或向外反曲，种子千粒重2.4g。

生物学特性 适应性强，耐寒、较耐瘠薄，抗倒伏能力相对较差，再生能力中等。返青早，青草期长，叶层高，叶量丰富。抽穗期刈割干物质中含粗蛋白质11.40%，粗脂肪2.70%，粗纤维33.80%，无氮浸出物45.20%，粗灰分6.90%。在四川省海拔2 900～4 200m的石渠县、色达县、乾宁县、甘孜县、道孚县和九龙县等地种植，年均干物质产量为4 700～6 900kg/hm^2。

基础原种 保存于四川省草原工作总站。

适应地区 适宜在四川西北海拔1 500～4 700m的高寒牧区种植。

青牧1号老芒麦

Elymus sibiricus L. cv. Qingmu No. 1

品种登记号 279

草种名称 老芒麦

品种名称 青牧1号

登记日期 2004年12月8日

育种者 青海省牧草良种繁殖场、青海省畜牧兽医科学院草原研究所、青海省草原总站。周青平、孙明德、颜红波、张海梅、徐有学。

品种来源 以 1971 年在青海省同德牧场播种的当地老芒麦大田发现的几株性状优良的植株，单株采收种子作为育种原始材料，经过多代混合选择育成。

育种方法 多次混合选择法。

形态特征 多年生疏丛型禾草。须根系发达，茎直立，基部稍膝曲，株高 90～140cm，5～6 节。叶鞘无毛，常短于节间，叶舌长约 1mm，顶端平截，叶片扁平，长 15～35cm，宽 8～15mm，无毛或叶面有时疏生柔毛。穗状花序疏松下垂，长 18～25cm，具 32～36 节，每节着生 2～3 枚小穗。小穗长 8～16mm（芒除外），含 4～6 朵小花。颖狭披针形，顶端尖或具长达 5mm 的短芒。外稃披针形，第一外稃长 9～12mm，顶端延伸为反曲的芒，芒长 14～22mm，内稃先端钝尖，具 2 脊，脊上披纤毛。颖果长椭圆形，褐色，长 8.4～12.6mm，千粒重 2.9～3.5g。

生物学特性 抗逆性强，耐寒，在－35℃低温条件下能安全越冬。抗旱，耐贫瘠，对土壤要求不严。叶片多，叶量丰富，适口性好，盛花期干物质中含粗蛋白质 14.90％，粗脂肪 0.93％，粗纤维 35.25％，无氮浸出物 44.50％，粗灰分 4.42％。在青海省西宁、大通、刚察、达日和同德等地种植，生长第 2～4 年平均干草产量为 8 000～9 000kg/hm^2。

基础原种 保存于青海省牧草良种繁殖场。

适应地区 适宜青海全省海拔 4 500m 以下高寒地区种植。

同德老芒麦

Elymus sibiricus L. cv. Tongde

品种登记号 280

草种名称 老芒麦

品种名称 同德

登记日期 2004 年 12 月 8 日

申报者 青海省牧草良种繁殖场、中国农业大学、青海省畜牧兽医科学院、青海省草原总站。王堃、韩科、韩建国、辛有俊、王柳英。

品种来源 1982 年在青海省同德县巴滩地区采集野生老芒麦种子，经多年栽培驯化而成。

形态特征 多年生疏丛型禾草。须根系发达，多集中于20cm 土层中。茎直立，基部膝曲，株高 85～120cm，具 4～5 节。叶鞘较松，叶长 9.7cm，宽 6.3mm，茎生叶 4～5 片，灰绿色。穗状花序，较疏松下垂，长 15～25cm，具 12～22节，每节有小穗 2 个，每小穗有小花 3～4 朵。颖狭披针形，长约 4～6mm，先端具芒。外稃披针形，第一外稃长 9～12mm，有芒长 12～18mm，内外稃近等长。颖果，长椭圆形，深褐色，长 5～7mm，千粒重 3.26g。

生物学特性 抗旱、抗寒，在－35℃的低温下能安全越冬，耐盐碱，pH8.1～8.7 范围内生长良好。分蘖能力强，叶量丰富，适口性好。开花期干物质中含粗蛋白质10.40%，粗脂肪 2.44%，粗纤维 37.29%，无氮浸出物43.53%，粗灰分 6.34%，钙 0.31%，磷 0.44%。在青海省玛沁县和同德县种植，生长第 2～4 年平均干草产量为6 500 kg/hm^2。

基础原种 保存于青海省牧草良种繁殖场。

适应地区 在青海省内海拔 2 200～4 200m 的地区均可种植。

羊茅属 *Festuca* L.

凌志高羊茅

Festuca arundinacea Schreb. cv. Barlexas

品种登记号 212

草种名称 高羊茅（亦称苇状羊茅）

品种名称 凌志

登记日期 2000 年 12 月 25 日

申报者 荷兰百绿种子集团公司中国代表处。陈谷、柳小妮、王彦荣、南志标、曹致中。

品种来源 由荷兰百绿公司培育的高羊茅草坪型品种，1995 年引入中国。

形态特征 多年生疏丛型禾草。须根入土很深。茎直立。叶片线型，边缘较粗糙，深绿色。圆锥花序散开，长 20～30cm、小穗含 4～5 花，外稃具短芒，颖果为内外稃贴生。种子千粒重 2.51g。

生物学特性 生长缓慢，叶片较细，耐频繁修剪，抗病和抗虫害能力强。适于湿润、温和性气候，较耐热。春、秋季生长旺盛，炎热夏季也能维持生长。可建成低矮美观的草坪，适宜用于建植绿化及运动场草坪。

基础原种 由荷兰百绿种子集团公司保存。

适应地区 中国北方及温暖湿润地区。

北山1号高羊茅

Festuca arundinacea Schreb. cv. Beishan No. 1

品种登记号 298

草种名称 高羊茅（亦称苇状羊茅）

品种名称 北山1号

登记日期 2005年11月27日

育种者 北京大学。林忠平、胡鸢雷、贾炜珑、吴锜、张彦芹。

品种来源 以引进的高羊茅贝克（Pixie）品种为原始材料，对其进行聚乙二醇胁迫诱变产生的变异株。

育种方法 以贝克高羊茅的幼穗为外植体诱导愈伤组织，后经液体悬浮培养，建立细胞悬浮培养系，经多代悬浮培养后诱导细胞分化，获得再生植株2 630株。长大的再生苗用高浓度聚乙二醇进行耐旱选择，选出耐旱植株87株，从中选出一个细叶型的耐旱高羊茅单株，后扩大繁殖。

形态特征 多年生疏丛型禾草。茎圆形，直立。根系深。叶鞘圆，开裂，叶片条形、扁平、纤细，中脉明显，叶端尖，色泽深绿，长12～23cm，宽2～6mm。圆锥花序紧缩，穗轴和分枝粗糙，每小穗含4～5朵小花；小穗卵形，颖片披针形，长6～8mm，无毛，先端渐尖。颖果与内稃贴生，不易分离，长3～4.5mm，宽约1.2～1.5mm。种子棕褐色，千粒重 1.92g。

生物学特性 叶片质地柔细、色泽浓绿，生长速度缓慢、株丛矮，分蘖能力旺盛. 成坪密度高，地面覆盖效果好。再生旺盛，草坪受损后能迅速恢复，具有致密、漂亮的外观。具有较强的抗旱、耐热和抗病虫害能力。具有良好的耐荫性，在阳光充足地带和遮荫地段均可茂密生长，并形成致密的草坪。在北京绿期达 270 天左右。适宜用于建植绿化及运动场草坪。

基础原种 由北京大学保存。

适应地区 我国华北、东北及西部诸省区

长江 1 号苇状羊茅

Festuca arundinacea Schreb. cv. Changjiang No. 1

品种登记号 260

草种名称 苇状羊茅

品种名称 长江 1 号

登记日期 2003 年 12 月 7 日

育种者 四川长江草业研究中心、四川省草原工作总站、四川省阳平种牛场。何丕阳、张新跃、何光武、陈艳宇、刘开全。

品种来源 1984—1988 年四川省洪雅县阳平种牛场从国外引进苇状羊茅品种 20 个，种植后经多年自然选择淘汰，于 1992 年夏季伏旱时从残存材料中选出优良单株，经系统选育而成。

育种方法 系统选育法。

形态特征 多年生疏丛型禾草。须根发达，有短根茎，秆直立，粗硬，株高 80～130cm。分蘖多，叶片粗厚，叶量丰富，叶长 30～70cm，宽 8～12mm。圆锥花序开展，穗长 10～30cm，小穗长 10～14mm，每个小穗有小花 3～10 朵。颖果倒卵形，黄褐色，长约 6～10mm，具短芒，长约 3mm。千粒重 1.5～2.5g。

生物学特性 耐热、耐旱、耐瘠薄，在夏季伏旱高温 42℃以上仍生长良好，越夏性好，全年无明显枯黄期。适口性好，拔节期干物质中含粗蛋白质 19.45%，粗脂肪 4.65%，粗纤维 27.06%，无氮浸出物 40.81%，粗灰分 8.03%，钙 0.77%，磷 0.24%。在四川洪雅县、仁寿县、达州市、广元市和南充市等地种植，年均干物质产量为 13 000～15 000kg/hm^2。

基础原种 保存于四川长江草业研究中心。

适应地区 适宜长江中下游低山、丘陵和平原地区种植。

可奇思高羊茅

Festuca arundinacea Schreb. cv. Cochise

品种登记号 286

草种名称 高羊茅（亦称苇状羊茅）

品种名称 可奇思

登记日期 2004 年 12 月 8 日

申报者 北京林业大学。韩烈保、邹玉新、尹淑霞、李鸿祥、曾会明。

品种来源 1996年由丹麦丹农国际种子集团公司引进。

形态特征 多年生疏丛型禾草。须根发达、粗壮，入土较深。茎直立，无毛，坚韧而光滑，具4～5节，株高60～100cm。叶片带状，扁平，深绿色，有光泽，较粗糙，宽5～8mm。叶舌呈膜状，叶耳短而钝。圆锥花序，多分枝，宽大。每小穗含4～5朵小花，颖窄披针形，外稃无芒。颖果矩圆形，长5.0～5.5mm，宽1.2～1.5mm，深灰色或棕褐色，千粒重1.73～1.85g。

生物学特性 叶细，建植的草坪密度高，质量好。颜色深绿，抗旱，耐践踏，抗病性强，耐热性较为突出，形成的草坪较持久。生长速度较慢，相对降低了修剪频率。既可单播，也可以混播。绿期较长，在北京地区全年约为265天。适宜于建植绿化及运动场草坪。

基础原种 由丹农国际种子集团公司保存。

适应地区 我国华北、西南、西北较湿润地区，内蒙古东南部，东北平原南部，华中及华东的武汉、杭州、上海等地。

美洲虎3号高羊茅

Festuca arundinacea Schreb. cv. Jaguar No. 3

品种登记号 333

草种名称 高羊茅（亦称苇状羊茅）

品种名称 美洲虎3号

登记日期 2006年12月13日

申报者 北京克劳沃草业技术开发中心、北京格拉斯草业技术研究所。刘自学、苏爱莲、刘艺杉、薛增平。

品种来源 该品种由美国 Zajac Performance Seeds 公司选育而成。1998 年由北京克劳沃草业技术开发中心引进。

形态特征 多年生疏丛型禾草。根系发达而致密。茎秆直立，高 50～85cm。叶条形，长 15～20cm，叶片细，宽约 4.4mm，叶色绿。圆锥花序，小穗长 10～13mm，含 4～5 小花，颖果长 3.4～4.2mm。种子千粒重 1.73～1.85g。

生物学特性 成坪速度快，形成的草坪密度高，景观效果好。绿期长，在北京地区可达 285 天左右。耐践踏、耐热、抗旱、耐瘠薄，具有较好抗逆性。适应性强，多种土壤条件下都可正常生长。适用于建植运动场草坪以及边坡绿化。

基础原种 由美国 Zajac Performance Seeds 公司保存。

适应地区 华北、西北、西南、华中大部地区。

黔草 1 号高羊茅

Festuca arundinacea Schreb. cv. Qiancao No. 1

品种登记号 299

草种名称 高羊茅（亦称苇状羊茅）

品种名称 黔草 1 号

登记日期 2005 年 11 月 27 日

育种者 贵州省草业研究所、贵州阳光草业科技有限责任公司、四川农业大学。吴佳海、牟琼、尚以顺、唐成斌、张新全。

品种来源 1991 年在贵州征集的野生高羊茅种子。

育种方法 以1991年在贵州征集的野生高羊茅种子作亲本材料，采用改良混合选择法育成。

形态特征 多年生疏丛型禾草。根系发达、较深。茎直立，株高76～97cm，具有3～4个节。叶条形，长8～14cm，宽4～7mm。圆锥花序开展，长20～28.5cm，分枝长15cm。小穗长7～10mm，小穗有2～3朵小花。内稃与外稃等长或稍有长短，先端二裂。颖果矩圆形，长2.5～3.8mm，宽1.2～1.5mm，棕褐色。种子千粒重2.1g左右。

生物学特性 抗寒、抗旱、耐热、耐贫瘠、病虫害少、绿期长、颜色青绿、耐践踏、持续性好、适应性广。耐修剪、易管理、建植成本低。春、秋季生长快，竞争力强，适宜用于建植运动场草坪、公路护坡、机场及边坡绿化。

基础原种 由贵州省草业研究所保存。

适应地区 我国长江中上游中低山、丘陵、平原及其他类似地区。

青海中华羊茅

Festuca sinensis Keng. cv. Qinghai

品种登记号 261

草种名称 中华羊茅

品种名称 青海

登记日期 2003年12月7日

申报者 青海省牧草良种繁殖场、中国农业大学。孙明德、周禾、徐有学、戎郁萍、颜红波。

品种来源 采自青海省同德县巴滩地区海拔3 000m左

右天然草地的野生中华羊茅种子，经 30 多年栽培驯化而成。

形态特征 多年生疏丛型禾草。须根系发达，集中于 15～18cm 土层中。茎直立或基部稍倾斜，具 4 节，节紧缩，无毛，呈紫色，株高 65～90cm。叶线形，长 6～16cm，宽 1.8～3.6mm，叶片直立、质硬。叶舌膜质或草质。圆锥花序开展，长 12～18cm，小穗含 3～4 朵小花，成熟时淡绿色或略带褐色，颖先端渐尖，外稃长圆状披针形，顶生短芒，颖果成熟时紫褐色，千粒重 0.5～0.8g。

生物学特性 适应性强，在海拔 2 300～4 000m 地区生长良好。耐寒、在同德－38℃的严寒天气无需覆盖，仍能安全越冬。有一定的耐旱能力。开花期干物质中含粗蛋白质 11.13%，粗脂肪 2.36%，粗纤维 30.23%，无氮浸出物 49.86%，粗灰分 6.42%，钙 0.25%，磷 0.33%。在青海玛沁县和三角城羊场种植，年均干草产量 10 000～11 000 kg/hm^2。

基础原种 保存于青海省牧草良种繁殖场。

适应地区 适宜在青藏高原海拔 2 000～4 000m，年降水量 400mm 左右的高寒地区，是建立牧刈兼用人工草地和天然草地补播的优良品种。

大麦属 *Hordeum* L.

军需 1 号野大麦

Hordeum brevisubulatum cv. Junxu No. 1

品种登记号 233

草种名称 野大麦

品种名称 军需1号

登记日期 2002年12月11日

育种者 中国人民解放军军需大学。李彦舫、沈景林、张亚兰、程小蕊、杨柏明。

品种来源 以吉林省前郭尔罗斯蒙古族自治县天然草原的野大麦为育种原始材料，采用生物工程技术结合系统选育培育而成。

育种方法 采用组织培养，化学诱变和$^{60}Co-\gamma$射线辐射诱变，再经连续5代系统选育方法育成。

形态特征 多年生疏丛型禾草。须根稠密，具短根茎，秆直立或基部膝曲，株高60～80cm。叶片线形，绿色或灰绿色，长7～18cm，宽3～7mm，上面粗糙，背面光滑，叶鞘短于节间。穗状花序，四棱形，绿色或成熟时带紫色，穗长7.0～8.6cm，每节有小穗3枚，每小穗含1小花。两侧小穗有柄，不孕或为雄性，外稃无芒。中间小穗无柄，可孕，外稃顶端渐尖成短芒，内稃与外稃等长。颖果长约3mm，顶端有毛。种子千粒重约1.8g。

生物学特性 适应性较强。抗旱、耐寒、耐瘠、耐盐碱，在湖边碱湿地和盐碱地当含盐量不超过1.2%、pH11.0时也能生长。耐践踏，适宜放牧。播种当年发育慢，大部处于营养生长状态，仅个别抽穗开花，但不能结籽成熟。第二年抽穗开花，结籽成熟。生育期110～130天，结实率46.67%。茎叶柔软，适口性好，各种家畜喜食。开花期干物质中含粗蛋白质17.46%，粗脂肪3.85%，粗纤维

29.40%，无氮浸出物 42.08%，粗灰分 7.21%。在吉林省前郭县、河北省昌黎县和山东省东营市种植，干草产量一般达 8 500～10 000kg/hm^2。

基础原种 保存于中国人民解放军军需大学。

适应地区 适宜吉林、辽宁、内蒙古、山东等省区种植。

黑麦草属 *Lolium* L.

蓝天堂多花黑麦草

Lolium multiflorum Lam. cv. Blue Heaven

品种登记号 303

草种名称 多花黑麦草

品种名称 蓝天堂

登记日期 2005 年 11 月 27 日

申报者 北京克劳沃草业技术开发中心、北京格拉斯草业技术研究所。刘自学、苏爱莲、刘艺杉、何军、赵红梅。

品种来源 1999 年从美国 Jacklin 种子公司引进。

形态特征 一年生或越年生疏丛型禾草。四倍体品种(2n＝4x＝28)。根系发达，茎秆直立光滑，株高 150～165cm，叶片长 35～50cm，宽 1.5～2.0cm，柔软下披。穗状花序长 45～50cm，每穗有小穗 41 个，每小穗有小花 15～20 个，种子外稃有芒，芒长 5～8mm。千粒重约 2.85g。

生物学特性 耐寒、耐酸性土壤、抗倒伏，综合抗病能力强，高抗锈病和褐斑病。草质优良，适口性好，拔节期干物质中含粗蛋白质14.80%，粗脂肪4.00%，粗纤维21.60%，无氮浸出物44.50%，粗灰分15.10%，钙0.47%，磷0.33%。在云南省昆明市、大理市，重庆市潼南县、巫溪县，贵州省贵阳市种植，年产干草11 000～12 000kg/hm^2。

基础原种　保存于美国Jacklin种子公司。

适应地区　适宜在我国长江流域及其以南的大部分地区冬闲田种植。

长江2号多花黑麦草

Lolium multiflorum Lam. cv. Changjiang No. 2

品种登记号　287

草种名称　多花黑麦草

品种名称　长江2号

登记日期　2004年12月8日

育种者　四川农业大学、四川长江草业研究中心。张新全、杨春华、何光武、何丕阳、彭大才。

品种来源　以阿伯德多花黑麦草和赣选1号多花黑麦草为育种亲本材料，相间种植，自由传粉，在杂交后代中，进行多次混合选择育成。

育种方法　品种间有性杂交后代的多次混合选择法。

形态特征　一年生或越年生疏丛型禾草。四倍体品种（2n=4x=28）。根系发达致密，分蘖多，茎秆粗壮，秆粗4～6mm，株高可达165～180cm。叶片长35～45cm，宽1.5～2.0cm，叶色较深。穗状花序长35～50cm，每穗小穗数达 42 个，每小穗有小花 16～21 朵，芒长 5～10mm，种子千粒重 2.5～3.5g。

生物学特性 耐寒、耐瘠、耐酸性土壤，抗病性强，适应性广。在四川雅安秋播，生育期 229～236 天，再生力强，抽穗成熟期整齐一致。叶量大，品质好，拔节期干物质中含粗蛋白质 16.17%，粗脂肪 9.46%，粗纤维 20.50%，无氮浸出物 39.30%，粗灰分 14.57%，钙 0.57%，磷 0.54%。在四川雅安、洪雅、达州、广元、凉山等地种植，年均干草产量达 10 000～13 000kg/hm^2。

基础原种 保存于四川农业大学。

适应地区 适宜长江中上游丘陵、平坝和山地海拔 600～1 500m 的温暖湿润地区种植。

钻石 T 多花黑麦草

Lolium multiflorum Lam. cv. Diamond T

品种登记号 302

草种名称 多花黑麦草

品种名称 钻石 T

登记日期 2005 年 11 月 27 日

申报者 北京克劳沃草业技术开发中心、北京格拉斯草业技术研究所。刘自学、苏爱莲、范龙、何军、刘艺杉。

品种来源 1999 年从美国引入。原品种是美国 Oregro 种子公司用多花黑麦草优良品种 Rockin'R 与采自墨西哥牧场的多花黑麦草杂交选育而成。

形态特征 一年生疏丛型禾草，四倍体品种（2n＝

4x=28)，根系发达，生长迅速，分蘖多，平均每株有分蘖60个。茎秆粗壮，抗倒伏，株高155～170cm。叶片长35～48cm，宽1.6～2.0cm，叶色深绿，柔软光亮。穗状花序长45～50cm，有小穗42个，每小穗有小花15～20个。颖果，外稃顶端有芒，芒长5～8mm，千粒重约2.9g。

生物学特性　耐寒，幼苗能耐1～3℃低温。耐酸性土壤，抗倒伏。综合抗病能力强，高抗秆锈病和褐斑病。叶量丰富，草质优良，拔节期干物质中含粗蛋白质16.44%，粗脂肪5.86%，粗纤维21.18%，无氮浸出物40.32%，粗灰分16.20%，钙0.63%，磷0.59%。在云南昆明市、大理市、重庆市潼南县、巫溪县，贵州省贵阳市等地种植，年均干草产量约12 000kg/hm²。

基础原种　由美国Oregro Seeds Inc. 公司保存。

适应地区　适宜在我国长江流域及其以南的大部分地区冬闲田种植。

杰威多花黑麦草

Lolium multiflorum Lam. cv. Spendor

品种登记号　289

草种名称　多花黑麦草

品种名称　杰威

登记日期　2004年12月8日

申报者　四川省金种燎原种业科技有限责任公司。谢永良、姚明久、高燕蓉、付民主、章忠健。

品种来源　1999年从丹麦丹农国际种子公司引进。原品种是美国育种家 Kevin J. Mcveigh 采用单株选择法育成的四倍体品种，1993 年在美国审定登记。

形态特征　一年生或越年生丛生型禾草。四倍体（2n=4x=28）。根系发达，分蘖多，茎秆粗壮，株高 90～140cm。叶片长 30～35cm，宽 0.8～1.2cm，叶色较深。穗状花序，长 35～45cm，每穗有小穗 35 个左右，每小穗有小花 8～14 朵。种子有芒，芒长 3～8mm，千粒重 2.2～3.0g。

生物学特性　喜温暖湿润气候，抗寒能力中等，抗锈病能力强，苗期生长快，叶量丰富，品质好，适口性好。营养生长期干物质中含粗蛋白质 23.80%，粗脂肪 5.80%，粗纤维 17.80%，无氮浸出物 39.40%，粗灰分 13.20%，钙 0.42%，磷 0.28%。在四川省洪雅县（川南）、宣汉县（川东）、广元市朝天区（川北）、合江县、泸州市等地区种植，干物质产量可达 12 000kg/hm^2。

基础原种　保存于丹农国际种子公司。

适应地区　适宜我国长江中下游及其以南的大部分地区冬闲田种植。

特高德（原译名特高）多花黑麦草

Lolium multiflorum var. *Westerwoldicum* cv. Tetragold

品种登记号　227

草种名称　多花黑麦草

品种名称　特高德（原译名特高）

登记日期　2001 年 12 月 22 日

申报者　广东省牧草饲料工作站。陈三有、张永发、林振汉、蓝文标、许妙丽。

品种来源　1997 年从百绿种子集团美国公司引进。

形态特征　一年生丛生型禾草。四倍体（2n＝4x＝28）。须根系发达，茎秆粗壮，直立，高 160～170cm。叶片光滑浓绿，长约 40cm，宽约 1.1cm。穗状花序，长 20～30cm，有小穗约 38 个左右，小穗长 10～32mm。种子具短芒，披针形，长 6～8mm，千粒重 2.8～3.5g。

生物学特性　喜温暖湿润气候，耐寒性中等，不耐旱，抗病虫害能力强，耐牧，耐刈割。对氮肥反应敏感，施肥并结合灌水，产量和质量均可大为提高。苗期生长快，分蘖数多达 80 个左右。叶量多，品质好，各种畜禽和草食性鱼类均喜食。营养生长盛期（拔节前期）干物质中含粗蛋白质 19.50%，粗脂肪 6.20%，粗纤维 25.80%，无氮浸出物 34.80%，粗灰分 13.70%，钙 0.87%，磷 0.43%。在广东省梅州、潮州等地利用冬闲田秋播，冬春可多次刈割，鲜草产量一般达 $76t/hm^2$。

基础原种　由荷兰百绿种子集团公司保存。

适应地区　适宜广东、四川、江西、福建、广西、江苏等省，用作冬种青饲料。

卓越多年生黑麦草

Lolium perenne L. cv. Eminent

品种登记号　300

草种名称　多年生黑麦草

品种名称　卓越

登记日期 2005 年 11 月 27 日

申报者 北京克劳沃草业技术开发中心、北京格拉斯草业技术研究所。刘自学、苏爱莲、陈光耀、李鸿祥、邹玉新。

品种来源 1999 年从美国引进，原品种于 1996 年由荷兰 Cebeco Seeds B. V. 公司育成。

形态特征 多年生疏丛型禾草。四倍体，2n＝4x＝28。具细弱的根状茎。茎秆直立，丛生，质地柔软，基部斜卧，株高 85～100cm。叶量丰富，叶色浓绿，叶长 15～35cm，叶宽 0.8～1.0cm。穗状花序，长 10～20cm，小穗含 8～15 朵小花；颖短于小穗，外稃披针形，具 5 脉，顶端无芒，内外稃等长。颖果矩圆形，长 2.8～3.4mm，宽 1.1～1.3mm，褐棕色至深褐色，顶端具毛，千粒重约 2.15g。

生物学特性 建植迅速、再生能力强，持久性好。当年生长快、产草量高。综合抗病能力强，高抗锈病，抗倒伏，适宜机械化生产。较耐旱，不含内生菌。叶量丰富、草质柔嫩、适口性好，各种畜禽及食草鱼类均喜食。拔节期干物质中含粗蛋白质 18.60%，粗脂肪 4.10%，粗纤维 20.10%，无氮浸出物 43.40%，粗灰分 13.80%，钙 0.46%，磷 0.35%。年干草产量约为 11 000～15 000kg/hm^2。适宜于调制干草、青饲和放牧。

基础原种 由美国 Cebeco Seeds B. V. 公司保存。

适应地区 我国长江流域及其以南的大部分山区。

顶峰多年生黑麦草

Lolium perenne L. cv. Pinnacre

品种登记号 240

草种名称　多年生黑麦草

品种名称　顶峰

登记日期　2002年12月11日

申报者　百绿（天津）国际草业有限公司。陈谷、曹致中、柳小妮、韩烈保、马春晖。

品种来源　1995年从荷兰百绿公司引进。

形态特征　多年生疏丛型禾草。须根稠密。茎秆通常基部倾斜，质地柔软，株高85～90cm。叶片深绿色，长10～20cm，叶宽2～3mm。穗状花序，长10～20cm，小穗含5～11朵小花。颖果矩圆形，长2.8～3.4mm，棕褐色。种子千粒重1.5～2.0g。

生物学特性　叶质地纤细，建坪后美观，持久性好。含有内生真菌，抗虫性强。苗期生长快，易形成致密草坪，耐践踏，耐寒、耐热性较好。适宜用于建植运动场草坪、公共绿地以及护坡草坪。

基础原种　保存于荷兰百绿种子集团公司。

适应地区　我国北方地区，兰州以西地区不能安全越冬。

托亚多年生黑麦草

Lolium perenne L. cv. Taya

品种登记号　285

草种名称　多年生黑麦草

品种名称　托亚

登记日期　2004年12月8日

申报者 北京林业大学。韩烈保、邹玉新、尹淑霞、李鸿祥、曾会明。

品种来源 1996年由丹农国际种子集团公司引进。

形态特征 多年生疏丛型禾草。须根发达而稠密，根系较浅，主要分布于15cm以内的表土层中。具有细弱的根状茎。茎秆丛生，质地柔软，基部常斜卧，高60～90cm，具3～4节。叶片条形，先端渐尖，深绿色，长10～25cm，宽0.4cm左右。穗状花序，外稃披针形，外稃与内稃等长。颖果矩圆形，长4.8～5.4mm，宽1.0～1.2mm，棕色至深褐色，种子无芒，千粒重1.6～1.8g。

生物学特性 春季返青早，分蘖能力强，建植速度快，可形成较致密的草坪。耐践踏，抗寒、抗旱性强，颜色美丽。对锈病、钱斑病等真菌性病害有较高的抗性，持久性突出。不耐低修剪，留茬高度应保持在4～6cm。抗病虫害的能力较差，在湿热季节应加强防治。适宜用于建植绿化及运动场草坪。

基础原种 由丹农国际种子集团公司保存。

适应地区 我国东北平原南部、西北较湿润地区、华北、西南海拔较高地区以及北方沿海城市。

黍属 *Panicum* L.

热研8号坚尼草

Panicum maximum Jacq. cv. Reyan No. 8

品种登记号 213

草种名称 坚尼草

品种名称 热研 8 号

登记日期 2000 年 12 月 25 日

申报者 中国热带农业科学院热带作物品种资源研究所。韦家少、刘国道、白昌军、何华玄、蒋昌顺。

品种来源 1988 年引自国际热带农业中心（CIAT），编号 CIAT6901。

形态特征 多年生丛生型禾草。秆直立，株高 150～250cm。秆粗 0.75cm，多分蘖，叶线形，长约 110cm，宽约 3cm，叶质较硬，叶面具蜡粉，光滑无毛。叶舌膜质，长约 1.5cm。节密生疣毛。圆锥花序开展，长约 45～55cm，主轴粗，分枝细，斜向上升。小穗灰绿色，长椭圆形，顶端尖，长约 4mm，无毛。颖果长椭圆形，种子千粒重 0.76g。

生物学特性 喜湿润的热带气候，耐干旱，耐酸性瘦土，在 pH 5.0 左右的滨海沙土上仍茂盛生长。耐寒，在海南省秋冬季仍保持青绿。耐荫，在各种种植园中间作仍可获得较高产草量。开花期较对照品种青绿黍晚约 1 个月，可延长其利用期。叶量丰富，适口性好。刈割后 40 天营养生长期茎叶干物质中含粗蛋白质 8.04%，粗脂肪 2.36%，粗纤维 35.54%，无氮浸出物 46.32%，粗灰分 7.74%，钙 0.57%，磷 0.29%。在海南省年干草产量约为 15 000kg/hm^2。种子产量约 480kg/hm^2。

基础原种 保存于中国热带农业科学院热带作物品种资源研究所。

适应地区 适宜海拔 1 000m 以下，年降水量 750mm 以上热带和南亚热带地区种植。

热研 9 号坚尼草

Panicum maximum Jacq cv. Reyan No. 9

品种登记号 214

草种名称 坚尼草

品种名称 热研 9 号

登记日期 2000 年 12 月 25 日

申报者 中国热带农业科学院热带作物品种资源研究所。韦家少、刘国道、白昌军、何华玄、蒋昌顺。

品种来源 1988 年引自国际热带农业中心（CIAT），编号 CIAT6172。

形态特征 多年生丛生型禾草。秆直立，高 150～220cm，茎粗 6mm，多分蘖。叶线形，长约 60cm，宽约 2.5cm，叶面具蜡粉，光滑无毛。圆锥花序开展，长约 35～40cm，主轴粗，分枝细，斜向上升，小穗灰绿色，长椭圆形，长约 3.0～3.5mm。种子千粒重 0.6g，种子产量约 500kg/hm^2。

生物学特性 喜湿润的热带气候，耐干旱、耐酸性瘦土，在 pH5.0 左右的滨海沙土上仍能茂盛生长。较耐荫，在各种种植园间作生长良好。叶量丰富，适口性好。刈割后 40 天营养生长期茎叶干物质中含粗蛋白质 8.39%，粗脂肪 2.40%，粗纤维 34.05%，无氮浸出物 46.74%，粗灰分 8.42%，钙 0.58%，磷 0.24%。在海南省种植年干草产量达 16 000kg/hm^2。

基础原种　保存于中国热带农业科学院热带作物品种资源研究所。

适应地区　适宜海拔 1 000m 以下，年降水量 750mm 以上的热带和南亚热带地区种植。

雀稗属 *Paspalum* L.

热研 11 号黑籽雀稗

Paspalum atuatum cv. Reyan No. 11

品种登记号　264

草种名称　黑籽雀稗

品种名称　热研 11 号

登记日期　2003 年 12 月 7 日

申报者　中国热带农业科学院热带作物品种资源研究所。刘国道、白昌军、王东劲、何华玄、周汉林。

品种来源　1996 年从印度尼西亚引入。原产于热带南美洲巴西的中南部地区，分布于南美巴西、阿根廷、玻利维亚、巴拉圭等地。20 世纪 90 年代引种至世界各地。

形态特征　多年生丛生型禾草。株高达 210～225cm，茎秆少而叶量大，秆粗 0.5～0.9cm，褐色，具 3～8 茎节，茎节稍膨大。叶鞘半包茎，叶鞘长 13～18cm，背部具脊。叶舌膜质，褐色，长 1～3mm。叶片长 50～34cm，宽 2.4～4.2cm。叶丛高 140～150cm，质脆，平滑无毛。圆锥花序，由 7～12 个近无柄的总状花序组成，总状花序互生于长达 25～40cm 的主轴上，每个总状花序长 12.8～15.3cm，穗轴近轴面扁平，远轴面有一棱，穗轴宽 1～1.5mm，基部被柔毛，小穗孪生，交互排列于穗轴远轴面上。种子卵圆形，褐色，具光泽，长 1.5～2.2mm，宽约 1mm，千粒重 3.57g。

生物学特性 喜热带潮湿气候，适应性强，耐酸瘦土壤，耐涝和耐一定程度的干旱，在年降水量 750mm 以上的地区种植表现良好的丰产性。分蘖能力强，种植半年后分蘖数可达 60～120 个，耐刈割，年可刈割 3～5 次。适口性好，牛羊喜食。营养生长期干物质中含粗蛋白质 9.83%，粗脂肪 1.00%，粗纤维 24.88%，无氮浸出物 50.75%，粗灰分 13.54%，钙 1.43%，磷 0.56%。在海南省雅星、东方、儋州、云南省元谋、盈口等地种植，一般年鲜草产量为 100t/hm^2。

基础原种 保存于中国热带农业科学院热带作物品种资源研究所。

适应地区 适宜我国热带和南亚热带高温多雨地区种植。

赣引百喜草（巴哈雀稗）

Paspalum notatum Flugge. cv. Ganyin

品种登记号 228

草种名称 百喜草（巴哈雀稗）

品种名称 赣引

登记日期 2001 年 12 月 22 日

申报者 江西农业大学。董闻达。

品种来源 1989 年从我国台湾省农委会水土保持局引进，属叶长而狭的细叶型百喜草，盘沙可拉（Pensacola）

类型，产于美国，编号 A33。

形态特征 多年生匍匐型禾草。根系发达，分布直径约 60cm，集中在 0～30cm 土层中。具粗壮匍匐茎，长约 30～35cm，节间短密，分蘖多，各节生根，可紧密地固结土壤。草层自然高约 30cm，抽穗期株高 50～85cm。叶色深绿，光滑并具光泽，叶长 20～35cm，宽 3～3.5mm，叶鞘浅紫色。穗状总状花序，2 枚，偶有 3～4 枚，指形排列。花序轴细，长 12～14cm。小穗卵形，互生于花序轴的一侧。颖果，由颖片紧密包裹，颖片外被蜡质，故难以吸水，影响发芽。种子长 2.8mm，宽 1.6mm，千粒重 1.74g。

生物学特性 抗逆性和适应性强，耐旱、耐热、耐瘠、耐践踏，土壤适应范围广，但不耐寒，长时间 0℃以下低温即不能存活。气温达 28～33℃生长良好，低于 10℃即停止生长。初霜后，叶色枯黄休眠。抽穗期干物质中含粗蛋白质 10.26%，粗脂肪 1.86%，粗纤维 31.35%，无氮浸出物 49.42%，粗灰分 7.11%，钙 0.92%，磷 0.21%。在江西各地种植干草产量达 13 000～19 000kg/hm^2。

基础原种 保存于美国。

适应地区 适宜淮河秦岭以南亚热带、热带地区种植，最适于江南低山丘陵地区。

狼尾草属 *Pennisetum* Rich.

宁杂 4 号美洲狼尾草

Pennisetum americanum (L.) K. Schum. cv. Ningza No. 4

品种登记号 220

草种名称 美洲狼尾草

品种名称 宁杂4号

登记日期 2001年12月22日

育种者 江苏省农业科学院草牧业研究开发中心，南京富得草业开发研究所。白淑娟、周卫星、丁成龙、顾洪如、钟小仙。

品种来源 以美洲狼尾草矮秆不育系Tift23DA为母本，以Bi13B-6恢复系为父本配制而成的种内杂交种。

育种方法 依据杂交优势理论，在配制的18个杂交组合中选出综合性状好，杂交优势强的杂交组合Tift23DA×Bi13B-6，并经品比、区域、生产试验育成。

形态特征 一年生丛生型高大禾草。植株繁茂，株型紧凑，株高约250cm。须根系发达密集。平均有分蘖12.7个，最高达20个，成穗茎4～6个。主茎叶片17枚。叶片披针形，长67.2cm，叶缘有波纹，质地柔软、光滑。穗状花序，蜡烛状，长25cm，每穗有籽粒3 400粒，千粒重6g。籽实灰色，米质粳性，可食用。籽实收获后，秸秆仍保持鲜绿，可作青贮饲料。生育期间无病虫害，但籽粒甜，播种或种子成熟时易遭地下害虫和鸟类危害。

生物学特性 喜温暖湿润气候，耐旱，抗倒伏，杂种二代性状分离明显，生物产量显著降低，不能继续作种用。故每年都要换用杂种一代种子。草质柔嫩，适口性好，多种畜禽喜食。拔节至孕穗期，株高1.3m时茎叶干物质中含粗蛋白质14.93%，粗脂肪5.05%，粗纤维40.18%，无氮浸出物30.77%，粗灰分9.07%。在南京和江苏省内多次刈割的条件下，年产鲜草 135～150t/hm^2。

基础原种 由江苏省农业科学院草牧业研究开发中心保存。

适应地区 适宜长江流域广大地区种植。

邦得 1 号杂交狼尾草

Pennisetum americanum × *P. purpureum* cv. Bangde No. 1

品种登记号 315

草种名称 杂交狼尾草

品种名称 邦得 1 号

登记日期 2005 年 11 月 27 日

育种者 广西北海绿邦生物景观发展有限公司、南京富得草业开发研究所。白淑娟、施贵凌、周卫星、李增位。

品种来源 以美洲狼尾草雄性不育系 Tift23A 为母本，以早熟象草 N-Hawaii 为父本配制成的种间杂交种（F_1）。

育种方法 利用雄性不育系配制种间杂种一代（F1）。

形态特征 多年生疏丛型高大禾草。三倍体，染色体数为 2n＝3X＝21。植株高约 350cm。须根系发达，且多气生根。在密度为每平方米 5 株时，单株分蘖数达 26 个，稀植时单株分蘖数可达 100～200 个。叶披针型，主茎有叶 26 片，叶长 80cm，宽 6.5cm，叶缘有刚毛，叶面有稀疏柔毛。圆柱状圆锥花序，小穗花器发育不全，花而不实，须用父母本杂交制种，亦可用成熟茎秆进行无性繁殖。

生物学特性 喜温暖湿润气候，耐干旱，耐刈割，再生性好，喜肥喜水，抗倒伏。叶片多，草质好，拔节期（株高

125cm）刈割干物质中含粗蛋白质 9.98%，粗脂肪 3.57%，粗纤维 32.90%，无氮浸出物 44.15%，粗灰分 9.40%。在江苏南京市、安徽合肥市、广西北海市、云南保山市、福建安溪县等地种植，年均干草产量为 21 000～25 000kg/hm²。

基础原种　保存于广西北海绿邦生物景观发展有限公司。

适应地区　我国热带、亚热带和暖温带均可栽培利用，在热带和南亚热带可安全越冬的地区为多年生，在不能越冬的地区为一年生。

桂牧 1 号杂交象草

（*Pennisetum americanum*×*P. purpureum*）×
P. purpureum Schum. cv. Guimu No. 1

品种登记号　211

草种名称　杂交象草

品种名称　桂牧 1 号

登记日期　2000 年 12 月 25 日

育种者　广西畜牧研究所。梁英彩、滕少花、赖志强、李仕坚、韦锦益。

品种来源　采用杂交狼尾草（美洲狼尾草×象草）（*Pennisetum americanum*×*P. purpureum*）偶然出现的可育株为母本，以摩特矮象草（*Pennisetum purpureum Schum* cv. Mott）为父本进行有性杂交育成。

育种方法　用有性杂交方法收获杂交 1 代（F1）种子，播后进行株选，获得综合性状优良的单株，用无性繁殖方法保持并利用其杂种优势。

形态特征 多年生丛生型高大禾草。根系密集。秆直立，株高350cm（全年不刈割时）。分蘖多，一般分蘖50～150个，最多达290个。叶量大，无毛，叶片长100～120cm，宽4.8～6cm。圆锥花序。为保持其杂种一代的优势，采用无性繁殖。

生物学特性 喜温暖湿润气候，耐热、耐湿、耐酸性土壤，亦较耐干旱，抗倒伏。抗病虫性强。对氮肥敏感，高温和水肥条件充足时生长快。产量与质量均优于亲本。叶量大，适口性好，第一次刈割后35天的再生草干物质中含粗蛋白质13.80%，粗脂肪2.69%，粗纤维30.28%，无氮浸出物42.63%，粗灰分10.60%，钙0.64%，磷0.44%。在广西、福建、湖南、江西等地一般年鲜草产量达175～250t/hm^2。

基础原种 由广西畜牧研究所保存。

适应地区 适宜我国热带和中南亚热带地区种植。

威提特东非狼尾草

Pennisetum clandestinum Hochst. ex Chiov. cv. Whittet

品种登记号 241

草种名称 东非狼尾草

品种名称 威提特

登记日期 2002年12月11日

申报者 云南省肉牛和牧草研究中心。匡崇义、钟声、吴文荣、袁福锦、余梅。

品种来源 1983年从澳大利亚引入。原种产于东非厄立特里亚、埃塞俄比亚、肯尼亚、乌干达、坦桑尼亚和莫桑比克等地。1960年澳大利亚新南威尔士州农业部从肯尼亚引入，1970年通过新南威尔士州牧草品种审定委员会审定。

形态特征 多年生根茎型禾草。自然生长条件下高约40～50cm。具粗壮发达根茎，可横走蔓延1至数米，匍匐茎有节，节着地生根，每节可长一侧枝。侧枝之间呈互生生长，侧枝上可长第二轮侧枝。叶片常内卷。花序顶生或腋生。花茎很短，其上多叶，花序包在终端叶里，有2～4小穗，小穗基部有刚毛，种子1～2粒，棕黑色，被包于叶鞘内，收种较困难，种子千粒重2.0～2.5g。

生物学特性 侵占性强，耐践踏，耐重牧，耐干旱，抗病性强。喜亚热带气候，对土壤适应性广，再生力强。混播草地中易形成优势种，宜与海法白三叶，肯尼亚白三叶混播建立永久性放牧草地。喜氮，施氮肥可显著提高产量。草质优良，适口性好，营养生长期茎叶比为1∶2.2，即叶占全株重的69%。茎叶干物质中含粗蛋白质11.70%，粗脂肪2.23%，粗纤维27.81%，无氮浸出物46.03%，粗灰分12.23%。在云南省昆明、开远、广南、洱源等地种植，年干物质产量为5 000～6 800kg/hm^2。

基础原种 保存于澳大利亚新南威尔士州格拉夫顿农业研究所。

适应地区 在云南省适宜年降雨量600mm以上，年均温13～20℃，海拔1 000～2 200m的地区生长。最适宜生长的气候带为中北亚热带≥10℃积温为4 200～6 000℃的地区种植。

早熟禾属 *Poa* L.

青海冷地早熟禾

Poa crymophila Keng cv. Qinghai

品种登记号 263

草种名称 冷地早熟禾

品种名称 青海

登记日期 2003年12月7日

申报者 青海省草原总站、青海省牧草良种繁殖场、青海省铁卜加草原改良试验站。巩爱岐、周青平、杨青川、杜玉红、汪新川。

品种来源 1972年从青海省同德县巴滩地区海拔约3 000m的天然草地采集野生冷地早熟禾种子，经多年栽培驯化而成。

形态特征 多年生疏丛型禾草。须根系发达，具沙套，根系多集中在10～18cm土层中。茎直立、稍压扁，株高50～65cm，具2～3节。叶线形，对折或内卷，长3～9.5cm，宽0.7～1.3mm，叶鞘平滑，叶舌膜质，截平或半圆形。圆锥花序，长4.5cm，通常每节具2～3个分枝，分枝直立或上升。整穗灰绿带紫色，小穗含1～2小花，小穗轴无毛。颖卵状披针形，外稃长圆形。颖果纺锤形，成熟后褐色，长约3mm，千粒重0.35～0.5g。

生物学特性 适应性强，在青海省海拔较低的东部到海拔4 000m的高寒牧区均能生长良好。抗旱、耐寒、耐荫。分蘖力强，再生性好，生长年限长，草质优良。开花期干物质中含粗蛋白质9.04%，粗脂肪2.84%，粗纤维36.89%，无氮浸出物45.89%，粗灰分5.34%，钙0.33%，磷0.30%。在青海同德县、玛沁县和三角城羊场种植，年均干草产量约3 000kg/hm^2。

基础原种 保存于青海省草原总站。

适应地区 适宜青藏高原海拔2 000～4 200m，年降水量400mm的地区种植。

康尼草地早熟禾

Poa pratensis L. cv. Conni

品种登记号 284

草种名称 草地早熟禾

品种名称 康尼

登记日期 2004年12月8日

申报者 北京林业大学。韩烈保、邹玉新、尹淑霞、李鸿祥、曾会明。

品种来源 1996年由丹农国际种子集团公司引进。

形态特征 多年生根茎疏丛型禾草。地下根茎较发达。茎直立，株高30～60cm。叶片纤细、光滑，质地细腻，色泽为浅绿色，宽2～4mm；叶尖稍翘起，似船头龙骨，幼叶在叶鞘中的排列为折叠式。颖果纺锤形，具三棱，长1.8～2.2mm，宽约0.7mm，红棕色、无光泽，顶端具茸毛，脐不明显，腹面具有沟、成舟形，种子千粒重 0.39g。

生物学特性 叶片纤细，分蘖多。具有直立生长的习性，生长速度中等偏慢。耐霜冻能力强，绿期长。不易形成草垫层，并表现出秋季退绿晚。抗热、耐旱、耐寒、耐盐碱、抗病能力强。中等管理水平下，在北京地区绿期 295 天左右。根茎发达，因而形成的草坪稠密、均匀、耐践踏。适宜用于建植绿化及运动场草坪。

基础原种 由丹农国际种子集团公司保存。

适应地区 我国东北、西北、华北大部分地区及西南高海拔地区。

午夜草地早熟禾

Poa pratensis L. cv. Midnight

品种登记号 334

草种名称 草地早熟禾

品种名称 午夜

登记日期 2006 年 12 月 13 日

申报者 北京克劳沃草业技术开发中心、北京格拉斯草业技术研究所。刘自学、苏爱莲、范龙、刘艺杉、何军。

品种来源 由美国 Pure Seed Testing Inc. 选育而成的草坪型品种。1995 年北京克劳沃草业技术开发中心引进。

形态特征 多年生根茎疏丛型禾草。须根发达。茎直立，株高 20～50cm。叶片条形或细长披针形，呈蓝绿色，柔软光滑，长 6.5～13cm，宽 0.2～0.4cm。圆锥花序，小穗卵圆形，含 2～4 小花；颖果纺锤形，种子细小，千粒重 0.31～0.37g。

生物学特性 耐寒，耐践踏，较耐低修剪，耐荫性较好，形成的草坪整齐细密，景观效果好。绿期长，在北京地区为 290 天左右。适宜用于建植绿化及运动场草坪。

基础原种 由美国 Pure Seed Testing Inc. 保存。

适应地区 我国北方大部分地区以及西南部分地区。

青海草地早熟禾

Poa pratensis L. cv. Qinghai

品种登记号 304

草种名称 草地早熟禾

品种名称 青海

登记日期 2005 年 11 月 27 日

申报者 青海省畜牧兽医科学院草原研究所。马玉寿、王柳英、施建军、董全民、龙瑞军。

品种来源 1998 年在海拔 4 000m 的青海省果洛藏族自治州达日县采集野生草地早熟禾种子，经栽培驯化而成。

形态特征 多年生根茎疏丛型禾草。须根系，根状茎横向蔓延。茎秆扁、直立、疏丛生，平滑无毛，具 3 节，秆高 60～130cm，叶片扁平，叶舌膜质，基生叶长达 60cm，茎生叶长 6.8～11.5cm，宽 3～7mm，光滑无毛。圆锥花序开展，长 6.5～20cm，穗轴每节有 1～5 个分枝，下部分枝长 4.5～7.5cm，小穗长 6.5～7mm，含 3～5 朵小花。颖果长 2.8～3.7mm，宽 0.6～0.72mm，千粒重 0.2～0.3g。

生物学特性 抗逆性强、耐寒，在−35℃的低温下能安全越冬，生长良好。耐贫瘠，对土壤选择不严。茎叶柔软，叶量丰富，适口性好。盛花期干物质中含粗蛋白质12.68%，粗脂肪3.99%，粗纤维31.94%，无氮浸出物43.78%，粗灰分7.61%，钙0.30%，磷0.24%。在青海省玛沁县海拔3 760m，达日县、同德县（海拔3 289m），西宁市（海拔2 295m）种植，年均干草产量4 800～6 600 kg/hm^2。

基础原种 保存于青海省畜牧兽医科学院草原研究所。

适应地区 适宜在青藏高原海拔2 000～4 000m的高寒地区种植。

青海扁茎早熟禾

Poa pratensis L. var. *anceps* Gaud. cv. Qinghai

品种登记号 278

草种名称 扁茎早熟禾

品种名称 青海

登记日期 2004年12月8日

申报者 青海省畜牧科学院草原研究所、青海省同德县良种繁殖场、青海省草原总站。颜红波、周青平、孙明德、汪新川、郭树栋。

品种来源 1973年从青海省共和县铁卜加地区和同德县巴滩地区采集野生扁茎早熟禾种子，经多年栽培驯化而成。

形态特征 多年生根茎疏丛型禾草。具匍匐根状茎，横向蔓延，茎秆扁平，直立，疏丛生，平滑无毛，具3节，株高55～85cm。基生叶长35cm，茎生叶长6.8～11.5cm，叶片扁平，宽3～7mm，光滑无毛。圆锥花序开展，长6.5～20cm，穗轴每节有2～4个分枝，小穗长6.5～7mm，每小穗含5朵小花。第一外稃长3.5～4mm，先端尖，边缘膜质，具5脉，背部有脊，脊与边脉中部以下具长柔毛，基盘具稠密而长的白绵毛，内稃与外稃近等长。颖果长2.8～3.7mm，千粒重0.25～0.34g。

生物学特性 耐寒性强，在−35℃低温下能安全越冬，抗旱耐贫瘠，对土壤要求不严。茎叶柔软，叶量丰富，适口性好。开花期干物质中含粗蛋白质12.84%，粗脂肪2.18%，粗纤维28.94%，无氮浸出物47.55%，粗灰分8.49%。在青海省西宁市、大通县、同德县、达日县、共和县种植，年均干草产量为3 600～5 800kg/hm^2。

基础原种 保存于青海省畜牧科学院草原研究所。

适应地区 适宜青海省海拔4 000m以下高寒地区种植。

碱茅属 *Puccinellia* Parl.

吉农朝鲜碱茅

Puccinellia chinampoensis Ohwi. cv. Jinong

品种登记号 201

草种名称 朝鲜碱茅

品种名称 吉农

登记日期 1999年11月29日

育种者 吉林省农业科学院畜牧分院草地研究所。徐安凯、齐宝林、张平、孙中心、王志峰。

品种来源 以吉林省西部地区野生朝鲜碱茅为育种原始材料，以15℃±2℃恒温条件下7天发芽率达50%以上为选种目标进行单株选择，建立优良株系并组建成综合品种。

育种方法 系统选育法。

形态特征 多年生丛生型禾草。株高80～100cm，茎直立或基部膝曲，具2～3节。叶片长3～5cm，宽2～3mm，圆锥花序开展，长10～16cm，小穗含5～7朵小花。种子纺锤形，千粒重0.1～0.14g。

生物学特性 在保持原野生种耐盐碱、抗寒、耐旱等特性的同时，改变了野生种需变温发芽和发芽期长的不良性状，在15℃（±2℃）恒温发芽的条件下，7天发芽率达到75%，而野生种在同样恒温条件下7天发芽率仅为5%。由于发芽不需要变温条件，在东北地区可在昼夜温差较小的7、8、9三个月雨季播种，减少灌溉投入，有更广泛的适应地区。在土壤pH9.5以上，表土含盐量1.5%，年降水量400mm的条件下能正常生长，在东北地区能安全越冬。在吉林西部盐碱地种植，年均鲜草产量为3 600kg/hm^2。

基础原种 保存于吉林省农业科学院畜牧分院草地研究所。

适应地区 适宜我国东北、华北、西北地区，碳酸盐盐土、氯化物盐土和硫酸盐盐土等类型的盐碱地种植。

甘蔗属 *Saccharum* L.

闽牧 42 饲用杂交甘蔗

(*Saccharum officinarum* L. cv. Co419) × (*S. robustum* Brandes. DCIPT43－52) cv. Minmu 42

品种登记号 204

草种名称 杂交甘蔗

品种名称 闽牧 42

登记日期 1999 年 11 月 29 日

育种者 福建省农业科学院甘蔗研究所。卢川北、洪月云、刘建昌、郑芥丹、曾日秋。

品种来源 以甘蔗良种 $C_0$419 为母本，以大茎野生种杂交后代 PT43－52 为父本，经光周期诱导开花杂交选育而成。

育种方法 采用光周期诱导双亲开花的方法，经杂交选育成功的甘蔗属的种间杂交种。

形态特征 多年生禾本科 C_4 植物，丛生，植株高大，繁茂，株高 400cm 以上；茎秆直立，不分枝，单株节数 20 以上，茎实心或微髓心，圆筒形黄绿色，有蜡质层，芽沟长而浅，芽卵形。节间长 10～17cm，茎粗 1.7～2.0cm。叶片直立向上，表面光滑无毛，边缘有锯齿，中脉明显，叶长 100～130cm，宽 2.7～3.5cm。终年不开花，冬季不枯萎。

生物学特性 再生力强，可多次刈割，年鲜草产量 165t/hm²。耐旱耐瘠薄，适口性好，冬季茎叶干物质中含粗蛋白质 8.43%，粗脂肪 2.12%，粗纤维 36.10%，无氮浸出物 44.75%，粗灰分 8.60%，钙 0.40%，磷 0.13%。为我国南方冬春季节草食家畜提供优质饲草。

基础原种 由福建省农业科学院甘蔗研究所保存。

适应地区 亚热带地区丘陵坡地及“十边”地。

黑麦属 *Secale* L.

奥克隆黑麦

Secale cereale L. cv. Oklon

品种登记号 242

草种名称 黑麦

品种名称 奥克隆

登记日期 2002 年 12 月 11 日

申报者 中国农业科学院作物育种栽培研究所、中国农业大学。胡跃高、孙元枢、曾昭海、陈秀珍、程霞。

品种来源 1997 年从美国引入。

形态特征 一年生或越年生草本，二倍体（2n＝14）。芽鞘淡红色，叶互生，叶片浓绿有蜡质，叶鞘紫绿色，有茸毛。株高 150cm。穗状花序，长纺锤形，具芒，有小穗36～40 个，每小穗有种子 2 粒。籽粒细长，长卵形，顶端较平，有绒毛，黄褐色，腹沟浅，千粒重 23～25g。

生物学特性 冬性品种，抗寒性强，可耐－20℃低温。适应性广。出苗快，越冬返青后在 5～15℃低温下生长快。早熟，一般在 4 月下旬抽穗，5 月下旬～6 月上旬籽粒成熟。营养品质好，籽粒干物质中含粗蛋白质和赖氨酸分别为

15.9%和0.54%。灌浆期植株干物质中含粗蛋白质13.04%，粗脂肪2.99%，粗纤维37.46%，无氮浸出物37.99%，粗灰分8.52%。可青饲、青贮和晒制干草。干草产量9 000～13 500kg/hm^2，籽实产量3 000～3 750kg/hm^2。

基础原种 由美国Oklahoma作物改良协会保存。

适应地区 黄淮海地区秋播，长江以南地区可在10～11月播种。

中饲507黑麦

Secale cereale L. cv. Zhongsi No. 507

品种登记号 290

草种名称 黑麦

品种名称 中饲507

登记日期 2004年12月8日

育种者 中国农业科学院作物育种栽培研究所。孙元枢、王增远、陈秀珍、李震、刘淑芬。

品种来源 以荷兰四倍体黑麦AR174为母本，苏联四倍体黑麦AR307为父本杂交选育而成的强冬性四倍体黑麦。

育种方法 1990年选用中熟、结实好、繁茂性较差的荷兰四倍体黑麦AR174为母本，与抗寒、晚熟、繁茂性好，但结实性差的前苏联四倍体黑麦AR307为父本进行杂交，经系统选择和混合选择培育而成。

形态特征 一年生或越年生草本，强冬性晚熟品种。芽鞘淡红色，叶片深绿，分蘖多，茎秆粗壮，叶量大，株高150～170cm，全株被蜡质。穗状花序，长方形，有短芒，有小穗 30～40 个。每小穗有种子 2 粒，种子大而细长，长卵形，淡青色或黄褐色，顶端较平有绒毛，腹沟浅，千粒重 32～38g。

生物学特性 适应性广，苗期生长快，可在冬春枯草季节提供优质饲草。灌浆期全株干物质中含粗蛋白质 12.38%，粗脂肪 3.20%，粗纤维 35.90%，无氮浸出物 37.88%，粗灰分 10.64%。种子干物质中含粗蛋白质 16.80%。高抗叶锈病，对条锈病和白粉病免疫。抗寒，抗倒伏。鲜草产量为 45～50t/hm^2，种子产量为 3 000～3 750 kg/hm^2。

基础原种 由中国农业科学院作物育种栽培研究所保存。

适应地区 适宜于黄淮海、西北及东北地区秋播，长江以南地区可在 11 月份播种。

高粱属 *Sorghum* Moench

大力士饲用高粱

Sorghum bicolor（L.）Moench. cv. Hunnigreen

品种登记号 292

草种名称 高粱

品种名称 大力士

登记日期 2004 年 12 月 8 日

申报者 百绿（天津）国际草业有限公司。牟芝兰、陈谷、白淑娟、刘建平、梁新民。

品种来源 1999年百绿（天津）国际草业有限公司从澳大利亚 Hylam 种子公司引进。原品种由澳大利亚 Hylam 种子公司用澳大利亚籽粒型高粱和外引甜高粱杂交选育而成。

形态特征 一年生草本，株高 300～400cm，有分蘖3～8个。须根发达，入土深度 25～30cm。每茎平均有叶12～14片，叶长 80～110cm、宽 8～12cm，叶色深绿，叶脉白色。籽粒卵圆形，红褐色，光滑，硬质，千粒重 19～21g。

生物学特性 晚熟品种，营养生长时间长，在我国大部分地区不能开花结实，抽穗前全株干物质中含粗蛋白质13.30%，茎秆含糖量 6%。适口性好。在株高 70cm 以上刈割，不含氰氢酸。在北京地区生育期 160 天。鲜草产量85～120t/hm^2。

基础原种 保存于澳大利亚 Hylam 种子公司。

适应地区 适宜于东北、西北的南部，华东、华中和西南地区种植。

辽饲杂3号高粱

Sorghum bicolor（L.）Moench. cv. Liaosiza No. 3

品种登记号 209

草种名称 高粱

品种名称 辽饲杂3号

登记日期 2000年12月25日

育种者 辽宁省农业科学院高粱研究所。朱翠云、张志鹏、陈义、齐秀华、万修石。

品种来源 以外引高粱不育系 ICS24A 和甜高粱恢复系 1022 杂交而成。

育种方法 1994 年组配成 ICS24A×1022，1995—1996 年进行新组合鉴定和品比试验，1997—1998 年区域试验，1998—1999 年生产试验，1999—2000 年生产示范。育成了具有粮饲兼用、产量高、品质好、抗逆性强的饲用高粱杂交种。

形态特征 一年生草本。株高 359cm，茎粗 2cm。全株有叶 20～22 片，叶脉蜡质。芽鞘红，分蘖力较强。成熟时茎叶青绿。穗纺锤形到中紧，穗长 34cm，紫壳，浅红粒，千粒重 30g。单株粒重 80～90g，单株鲜重 800～1 000g。

生物学特性 茎秆多糖多汁，茎汁含糖 15%～19%（锤度），茎秆出汁率 65%，青贮效果好，青贮产量 60～90t/hm²，同时可产籽粒 6 000～7 500kg/hm²，成熟期茎叶干物质中含粗蛋白质 3.88%，粗脂肪 0.39%，粗纤维 29.15%，无氮浸出物 63.07%，粗灰分 3.51%，不含氰氢酸。耐旱，耐涝，抗黑穗病，抗叶病，较抗倒伏。从出苗到成熟 122～127 天，在我国大部分地区均可种植。

基础原种 由辽宁省农业科学院高粱研究所保存父母本材料。

适应地区 在我国的辽宁、河南、河北、湖北、湖南、广东、广西、山东、山西、安徽、四川、宁夏、甘肃、陕西等省区大部分地区均可种植。

原甜 1 号饲用甜高粱

Sorghum bicolor (L.) Moench. cv. Yuantian No. 1

品种登记号 234

草种名称 甜高粱

品种名称 原甜1号

登记日期 2002年12月11日

育种者 中国农业科学院原子能利用研究所。苏益民、宋高友、李桂英、刘录祥、张保明。

品种来源 由丽欧（Rio）甜高粱品种分离出的自然变异株，经系统选育而成。

育种方法 系统选育，从1983年开始经过8个世代选育而成。

形态特征 一年生草本。株高380cm，茎粗1.7cm。有叶片20～30片。芽鞘绿色，分蘖1～2个。穗长25～30cm，中紧纺锤形，无芒，紫壳白粒，千粒重25～27g。

生物学特性 单株鲜重800～1 000g，穗粒重80～100g。蜡质叶脉，活秆成熟，叶片青绿，茎秆汁液含糖（锤度）18%～21%，茎秆出汁率65%。属中熟品种，生育期125～130天，适应性广，鲜茎叶产量60 000～75 000kg/hm^2。抗旱、耐涝、耐盐碱、抗倒伏、较抗黑穗病。该品种不仅是优良的饲用品种，又是粮、饲、糖、酿综合利用品种。乳熟期茎叶干物质中含粗蛋白质9.81%，粗脂肪4.13%，粗纤维31.67%，无氮浸出物44.76%，粗灰分9.63%，青贮效果好。

基础原种 保存于中国农业科学院原子能利用研究所。

适应地区 北京、天津、内蒙古、山东、山西、河北、河南等地。

吉甜 3 号甜高粱

Sorghum bicolor (*L.*) *Moench.* × *Saccharum sinensis* Roxb. cv. Jitian No. 3

品种登记号 330

草种名称 甜高粱

品种名称 吉甜 3 号

登记日期 2006 年 12 月 13 日

育种者 吉林省农业科学院。王鼐、刘洪欣、石贵山、李玉发、苏颖。

品种来源 高粱蔗 3 号自然变异群体。高粱蔗 3 号是由轻工业部甘蔗糖业科学研究所海南甘蔗育种场用高粱与甘蔗杂交育成的高粱蔗。

育种方法 系统选育。

形态特征 幼苗紫色，分蘖 3～4 个，株高 320cm 左右。主茎粗平均 2.1cm。叶 21～23 片。散穗，穗长 22.5cm，着壳率 85%。籽粒卵形，黄红色，红壳，千粒重 18.3g。

生物学特性 生育期 128～135 天。抗叶病，抗丝黑穗病，抗虫，抗倒伏。茎汁含糖 17.5%～19.2%（锤度）。成熟期籽粒产量可达 4 500kg/hm^2，总生物产量可达 82 000 kg/hm^2。茎秆干物质中含粗蛋白质 2.18%，粗脂肪 0.42%，粗纤维 25.32%，无氮浸出物 70.24%，粗灰分 1.84%，可溶性总糖 51.45%。

基础原种 由吉林省农业科学院保存。

适应地区 吉林大部，辽宁北部，黑龙江南部，内蒙古通辽地区。

乐食高粱—苏丹草杂交种

Sorghum bicolor×*S. sudanense* cv. Everlush

品种登记号 293

草种名称 高粱—苏丹草杂交种

品种名称 乐食

登记日期 2004 年 12 月 8 日

申报者 百绿（天津）国际草业有限公司。房丽宁、王树彦、陈谷、曹致中、成绍先。

品种来源 澳大利亚 Hylam 种子公司用澳大利亚籽粒型高粱为母本苏丹草为父本杂交选育而成，1999 年在澳大利亚登记注册。2000 年从澳大利亚 Hylam 种子公司引进。

形态特征 一年生草本。株高 250～400cm，茎圆形，有叶 10～15 片，叶片长条形，叶色深绿，光滑，叶脉白色。单株分蘖 4～8 个。茎秆纤细，叶茎比高。籽粒扁卵圆形，红褐色，光滑，硬质，千粒重 15～18g。

生物学特性 为晚熟品种，春季生长速度慢，夏季高温季节生长迅速，在北方地区不能开花结实。抽穗前全株干物质中含粗蛋白质 10.69%，粗纤维 24.57%。可多次刈割，在内蒙古、云南等地种植，鲜草产量可达 105 t/hm^2。

基础原种 保存于澳大利亚 Hylam 种子公司。

适应地区 适宜于北京、内蒙古、云南等地种植。

蒙农青饲 2 号苏丹草

Sorghum bicolor×*S. sudanense* cv. Mengnongqingsi No. 2

品种登记号 294

草种名称 苏丹草

品种名称 蒙农青饲 2 号

登记日期 2004 年 12 月 8 日

育种者 内蒙古农业大学。于卓、赵晓杰、赵娜、秦永梅、刘永伟。

品种来源 以高粱雄性不育系 A4 为母本，以内蒙古自治区中西部栽培种白壳苏丹草为父本进行杂交，经 6 个世代的选择育成。

育种方法 种间杂交选育法。

形态特征 一年生禾本科饲用作物。须根系发达，株高约 350cm，基部节间短缩粗壮。每个茎秆具叶片 10～15 片，叶片长披针形，深绿色，叶脉乳黄色或黄褐色。叶长 75～110cm，叶宽 4.1～7.8cm。圆锥花序较疏散，长 37～49cm，穗宽 30～36cm。顶端并生 2～5 个小穗，每小穗有小花 2～3 朵，有柄小花 1～2 朵退化不结实，无柄小花 1 朵结实。种子长椭圆形，略扁，黄褐色，颖白色或乳黄色，略棕褐色斑纹，种子千粒重 21g。

生物学特性 苗期耐低温能力强，在内蒙古自治区中部地区 4 月中旬即可播种。耐旱性和耐盐性较强，抗倒伏，叶量大，适口性好。鲜草氰氢酸含量很低，饲喂安全。开花期干物质中含粗蛋白质 9.50%，粗脂肪 3.54%，粗纤维 38.27%，无氮浸出物 42.90%，粗灰分 5.79%。在内蒙古呼和浩特市、包头市和巴彦淖尔市种植，鲜草产量可达 $132t/hm^2$。

基础原种 保存于内蒙古农业大学。

适应地区 在≥10℃积温达 2 400℃的地区均可种植。年降水量 400mm 以上地区可旱作栽培。

天农青饲 1 号高粱—苏丹草杂交种

Sorghum bicolor × *S. sudanense*

(F1) cv. Tiannongqingsi No. 1

品种登记号 208

草种名称 高粱—苏丹草杂交种

品种名称 天农青饲 1 号

登记日期 2000 年 12 月 25 日

育种者 天津农学院。孙守钧、王云、郑根昌、李凤山、刘惠芬

品种来源 以美国引进的 TX623A 不育系为母本，与甜高粱和苏丹草杂交选育的种间杂种 TS185 恢复系为父本杂交而成。

育种方法 自 1998 年开始，利用甜高粱与苏丹草进行种间杂交，采用系谱法在后代中选择抗病、含糖量高、分蘖和再生能力强、抗旱、耐盐、耐瘠、配合力高、品质优、遗传性和恢复性稳定的后代。经过对 34 个组合 7 个世代的选择，最后在甜高粱 Roma 与苏丹草 IS722 杂交组合后代中选

出了符合育种目标要求的后代 TS185 恢复系，与 TX623A 不育系杂交具有较高配合力，从而配制了 TX623A×TS185 杂交组合，育成 F1 代杂交种。

形态特征 一年生草本。幼苗生长速度慢，但根系发达，拔节以后生长速度较快。苗期紫色，有分蘖 4～5 个，株高 300cm 左右。叶片平展宽大，叶色浓绿，叶脉蜡质。圆锥花序松散，穗长 30～50cm 左右，壳黑褐色，籽粒红色，千粒重 32g。

生物学特性 生育期 90 天左右（天津）。抗旱、耐盐(0.4%)、耐瘠、叶病较轻、蚜虫危害较轻，再生能力强。在天津青贮用可刈割两次，鲜草产量约 150t/hm^2。在上海可刈割 3～4 次。鲜草干物质中含粗蛋白质 8.31%，粗脂肪 2.17%，粗纤维 19.67%，无氮浸出物 63.14%，粗灰分 6.71%，氰氢酸含量低。茎汁含糖（锤度）14%～15%，草质优，可饲喂牛、马、羊，也可喂鱼。可用做青饲、晒制干草、青贮等。成熟期收获不仅可获得较高茎叶产量，每公顷还可兼收 6t 左右的籽粒。

基础原种 天津农学院保存。

适应地区 全国各省区均可种植。

天农 2 号高粱—苏丹草杂交种

Sorghum bicolor×*S. sudanense* cv. Tiannong No. 2

品种登记号 328

草种名称 高粱—苏丹草杂交种

品种名称 天农 2 号

登记日期 2006年12月13日

育种者 天津农学院。孙守钧、王云、刘惠芬、李子芳、吴锡冬。

品种来源 以从美国引进的粒用高粱不育系TX622A为母本，以含糖17%（锤度）的抗蚜140粒用高粱与IS720苏丹草杂交、经系谱法选择的恢复系TS175为父本，配制而成的杂种一代（F1）品种。

育种方法 杂交育种。

形态特征 一年生高大禾草。苗期紫色，成熟期株高约300cm，分蘖4～5个。圆锥花序，穗长约50cm。种子红粒，黑壳，千粒重32g。

生物学特性 在东北生育期120天左右，在天津90天即可成熟。抗旱，耐盐（NaCl）达0.4%。成熟期茎叶鲜绿，茎汁含糖15%（锤度），无叶病。成熟期一次性刈割可收青草90t/hm^2，并可兼收籽实6 000kg/hm^2。茎叶干物质中含粗蛋白质8.67%，粗脂肪2.19%，粗纤维20.18%，无氮浸出物63.65%，粗灰分6.31%。在天津做青贮可刈割二次。

基础原种 由天津农学院保存。

适应地区 黑龙江、内蒙古、天津等地。

皖草3号高粱—苏丹草杂交种

Sorghum bicolor×*S. sudanense* cv. Wancao No. 3

品种登记号 316

草种名称 高粱—苏丹草杂交种

品种名称 皖草3号

登记日期 2005 年 11 月 27 日

育种者 安徽科技学院、安徽省畜牧技术推广总站。詹秋文、刘明平、林平、姚淮平、钱章强。

品种来源 以高粱雄性不育系 TX623A 为母本，以苏丹草 Sa 为父本组配而成的杂交种。

育种方法 利用雄性不育系配制的种间杂种一代（F_1）。

形态特征 一年生禾本科草本植物。株形类似高粱。根系发达。株高约 290cm，茎秆粗壮，分蘖数 2～6 个。叶片肥大，叶长约 90cm、叶宽约 6.4cm，叶片数 15～19 片。穗形松散，穗长约 38cm，穗粒重 24.6g。籽粒偏小，紫褐色，千粒重 14.5g。

生物学特性 刈割后再生能力强，生长速度快，产量高，一年可刈割 2～6 次。具有抗旱、耐涝、抗倒伏、抗蚜虫的特性。在水肥条件充足的情况下，全年干草产量可达 30 000kg/hm^2。全株干物质中含粗蛋白质 8.65%，粗脂肪 3.50%，粗纤维 26.11%，无氮浸出物 51.91%，粗灰分 9.83%。适合饲喂牛、羊、鹿、草鱼等草食性动物。

基础原种 保存于安徽科技学院。

适应地区 北京、安徽、山西、江西、江苏、浙江等地。

内农 1 号苏丹草

Sorghum sudanense (Piper) Stapf. cv. Neinong No. 1

品种登记号 268

草种名称 苏丹草

品种名称 内农1号

登记日期 2003年12月7日

育种者 内蒙古农业大学。支中生、张恩厚、高卫华、王建光、姚贵平。

品种来源 1993年以黑壳苏丹草为母本，同杂2号高粱为父本进行种间杂交，对其后代进行系统选择培育而成。

育种方法 杂交选育法。

形态特征 一年生丛生型禾草。须根系。秆直立，高315～350cm，基部茎粗8～12mm。有效分蘖4～7个。叶鞘无毛，叶舌干膜质，长2～2.5mm，顶端钝圆，叶长70～78cm，宽4.5～6.0cm，两面无毛，边缘具尖锐刺毛。圆锥花序直立，开展，卵形，长34～46cm，宽24～26cm，分枝近轮生。颖果椭圆形，长3.8～4.2mm，宽2.5～3.0mm，种壳颜色为黑（黄、红）色，千粒重24g。

生物学特性 抗旱、抗病、抗倒伏，苗期生长慢，拔节后生长速度快，再生能力强，草质优，茎叶干物质中含粗蛋白质14.73%，粗脂肪3.74%，粗纤维23.36%，无氮浸出物48.93%，粗灰分9.24%，钙0.82%，磷0.60%。在内蒙古呼和浩特市、包头市、乌兰察布市、西乌珠穆沁旗、赤峰市、巴林右旗等地种植，平均鲜草产量95t/hm^2。

基础原种 保存于内蒙古农业大学。

适应地区 内蒙古、河南、湖北及气候条件相类似地区。

乌拉特2号苏丹草

Sorghum sudanense (Piper) Stapf. cv. Wulate No. 2

品种登记号 202

草种名称 苏丹草

品种名称 乌拉特2号

登记日期 1999年11月29日

育种者 内蒙古巴彦淖尔盟草原站、乌拉特前旗草籽繁殖场。樊强、巴图斯琴、甄守信、任云宇、董志魁。

品种来源 在当地栽培的天然混杂的苏丹草群体中，经多年混合选择出红颖苏丹草。

育种方法 系统选育法。

形态特征 一年生丛生型禾草。须根系，茎秆直立，株高290cm，具8～10节。叶片扁平，长50～60cm，宽2.5～3.0cm，光滑无毛。圆锥花序，长35～40cm。成熟种子颖壳为红色，倒卵形，长3.5～4mm，宽2～2.5mm，光滑，千粒重12.6g。

生物学特性 抗逆性强，再生性好，营养生长期干物质中含粗蛋白质19.10%，粗脂肪5.10%，粗纤维28.50%，无氮浸出物38.20%，粗灰分9.10%。在乌拉特前旗和五原县种植，鲜草产量达45 000kg/hm^2。

基础原种 保存于内蒙古巴彦淖尔盟草原站。

适应地区 适宜全国各地种植。干旱地区需有灌溉条件，采种田宜选北方无霜期130天以上的地区。

小黑麦属 *Triticale* Wittmack

中饲828小黑麦

Triticale Wittmack cv. Zhongsi No. 828

品种登记号 235

草种名称 小黑麦

品种名称 中饲 828

登记日期 2002 年 12 月 11 日

育种者 中国农业科学院作物育种栽培研究所、中国农业大学。孙元枢、王增远、胡跃高、陈秀珍、张鹏。

品种来源 用八倍体小黑麦 H4372 和六倍体小黑麦 WOH90 优良选系杂交，系统选育而成。

育种方法 复合杂交系统选育而成。其母本 H4372（2n＝56）表现抗病、抗寒、生长繁茂，蛋白质含量高，但比较晚熟，不抗倒伏。父本 WOH90 是用引自国际小麦玉米改良中心的六倍体早熟品系 FH125（2n＝42）与自选的八倍体品系 H435（2n＝56）杂交选育而成的次生六倍体（2n＝42），表现早熟、茎秆粗壮、抗倒伏，但抗寒性稍差。通过 H4372 与 WOH90 杂交和利用染色体工程技术聚合双亲优良性状培育而成的中饲 828 小黑麦（2n＝42），结合了双亲高产、优质、抗病、抗寒等优良特点。

形态特征 一年生或越年生草本。芽鞘淡红色，叶互生，叶片浓绿有蜡质，植株高大繁茂，株高 150～180cm，穗呈纺锤形，芒长中等，白壳，红粒（半玻璃质），有蜡质，每穗小穗数 20～30 个，结实 40～45 粒，穗茎基部有绒毛，籽粒千粒重 35～37g。

生物学特性 中晚熟冬性品种，抗病性强，对白粉病免疫，高抗条锈病，中抗叶锈病。抗寒，可耐－25℃，耐瘠薄，适应性广。出苗快，越冬返青后在 5～15℃低温下生长快，一般在 5 月上、中旬抽穗，6 月中、下旬籽粒成熟。营养品质好，扬花期植株干物质中含粗蛋白质16.58%，粗脂肪4.15%，粗纤维25.35%，无氮浸出物41.45%，粗灰分12.47%，籽粒干物质中含粗蛋白质17.12%，赖氨酸0.54%。抗倒伏能力强，适于机械收割。干草产量13 125 kg/hm²，籽实产量3 750～5 250kg/hm²。可用作青饲、青贮和晒制干草。

基础原种 由中国农业科学院作物育种栽培研究所保存。

适应地区 黄淮海地区和东北、西北部分地区秋播，长江以南地区冬播，常利用冬闲田种植，提供冬春季节青绿饲料。

玉蜀黍属 *Zea* L.

黑饲1号青贮玉米

Zea mays L. cv. Heisi No. 1

品种登记号 266

草种名称 玉米

品种名称 黑饲1号

登记日期 2003年12月7日

育种者 黑龙江省农业科学院玉米研究中心。苏俊、李春霞、龚士琛、宋锡韦、阎淑琴。

品种来源 1997年以引自沈阳市农科院的自交系沈125为母本，以自选系HR02为父本杂交选育而成的玉米单交种。

育种方法 杂交育种。

形态特征 一年生草本。幼苗健壮，叶色中绿，成株高大，株高300～330cm，穗位高130cm，茎粗2.8～3.2cm。有叶22片，叶片较宽，上部叶片收敛，株形较紧凑，果穗粗大，群体整齐一致。成熟时茎叶青绿，活秆成熟。果穗粗圆柱形，长26～28cm，粗5.2cm，粒行数18～20行，籽粒黄色，马齿型，千粒重380g。

生物学特性 生育期125～128天，苗期至拔节期生长快，中后期生长平稳，成熟时茎叶青绿。抗玉米大小斑病、丝黑穗病、青枯病，抗倒伏。籽粒中含蛋白质11.11%，蜡熟期全株干物质中含粗蛋白质7.08%，粗脂肪2.22%，粗纤维23.85%。无氮浸出物62.90%，粗灰分4.15%。鲜草产量70～90t/hm^2，籽实产量6 000kg/hm^2。

基础原种 保存于黑龙江省农业科学院玉米研究中心。

适应地区 黑龙江省第一、二、三积温带（代表地区为哈尔滨市、大庆市和齐齐哈尔市）各地作专用青贮玉米。

吉饲8号青贮玉米

Zea mays L. cv. Jisi No. 8

品种登记号 267

草种名称 玉米

品种名称 吉饲8号

登记日期 2003年12月7日

育种者 吉林省农业科学院玉米研究所。才卓、徐国良、刘向辉、代玉仙、李淑华。

品种来源　1998年以自交系吉1238为母本，自交系沈135为父本杂交育成的玉米单交种。

育种方法　杂交育种。

形态特征　一年生草本。幼苗叶片浓绿，叶鞘紫色。株高310～340cm，穗位120～130cm，茎粗3.5～5.0cm，全株叶片22片，株型半收敛上冲。根系发达，抗倒伏，活秆成熟。果穗圆筒形，穗长25cm，穗粗5.5cm，籽粒20～24行，穗轴白色，籽粒黄色，马齿型，千粒重376g。

生物学特性　幼苗拱土能力强，早发性好，耐低温。在公主岭生育期为130天。鲜草产量高，一般可达85～95t/hm^2。籽粒产量高，正常成熟可达10t/hm^2左右。抗玉米大、小斑病、弯孢菌叶斑病，高抗丝黑穗病、黑粉病、茎腐病、抗倒伏。蜡熟期全株干物质中含粗蛋白质7.52%、粗脂肪2.58%、粗纤维19.15%、无氮浸出物66.41%、粗灰分4.34%。

基础原种　保存于吉林省农业科学院玉米研究所。

适应地区　吉林省大部分地区，黑龙江省中、南部，辽宁省北部均可作专用青贮玉米种植；吉林省中西部地区可作为粮饲兼用型玉米。

吉饲11号青贮玉米

Zea mays L. cv. Jisi No. 11

品种登记号　329

草种名称　玉米

品种名称　吉饲11号

登记日期 2006 年 12 月 13 日

育种者 吉林省农业科学院玉米研究所。才卓、徐国良、刘向辉、代玉仙、董亚琳。

品种来源 母本为 1997 年从辽宁省沈阳市农科院引进的高抗玉米丝黑穗病、黑粉病、活秆成熟、生物产量高的自交系沈 131。父本为 1999 年从贵州省引进的从美国杂交种 78599 中选育出的带有热带血缘的抗各种叶斑病，抗倒伏，保绿性好，活秆成熟，生物量高的自交系 599－20－1。2000 年以沈 131 为母本、599－20－1 为父本组配而成的玉米单交种。

育种方法 杂交育种。

形态特征 一年生高大禾草。植株高 320～340cm。根系发达。茎秆粗 3.0～4.0cm。幼苗叶片浓绿，叶鞘紫色，拱土能力强，每株叶片 21～23 片。花药黄色，花丝粉色。穗位 125～136cm，果穗圆筒形，穗长 26cm，穗粗 5.1cm，果穗占全株的比率达 35％，籽粒黄色，半马齿型，千粒重 366g，容重 726g/L。

生物学特性 适应性强，稳产性好；抗倒伏；抗玉米大、小斑病、弯孢菌叶斑病；高抗丝黑穗病、黑粉病、茎腐病。活秆成熟，鲜草产量 82 000～95 000kg/hm^2，籽粒产量可达 10 000kg/hm^2。蜡熟期全株干物质中含粗蛋白质 7.26％、粗脂肪 2.78％、粗纤维 21.33％、无氮浸出物 63.81％、粗灰分 4.82％。

基础原种 由吉林省农业科学院玉米研究所保存。

适应地区 吉林大部分地区，黑龙江中南部，辽宁北部及内蒙古东部作为全株青贮玉米种植。

辽原 2 号青饲玉米

Zea mays L. cv. Liaoyuan No. 2

品种登记号　210

草种名称　玉米

品种名称　辽原 2 号

登记日期　2000 年 12 月 25 日

育种者　辽宁省农业科学院玉米研究所。陈庆华、张喜华、李凤海、王延波、李哲。

品种来源　以自选系“辽 2411B”为母本，改良系“辐 413”为父本杂交育成的单交种。

育种方法　杂交育种。

形态特征　一年生草本。株高 314.6cm（沈阳），穗位 141cm。有叶 23 片，叶片深绿。果穗筒形，穗长 20.2cm，穗粗 5.2cm，穗行数 16～18，出籽率 86.6%。籽粒白色，马齿型，品质中等。千粒重 413g。

生物学特性　生育期在沈阳 130 天左右。抗大、小叶斑病，丝黑穗病，青枯病，抗倒伏。籽粒产量 7 500～9 000 kg/hm^2，青饲产量 65～75t/hm^2。茎叶干物质中含粗蛋白质 15.04%、粗脂肪 0.92%、粗纤维 43.89%、无氮浸出物 22.28%、粗灰分 17.87%。活秆成熟，适宜用作青饲和青贮。

基础原种　由辽宁省农业科学院玉米研究所保存。

适应地区　辽宁省内偏南地区和无霜期较长地区，如专用作青贮，全国各地均可种植。

龙辐单208青贮玉米

Zea mays L. cv. Longfudan No. 208

品种登记号 236

草种名称 玉米

品种名称 龙辐单208

登记日期 2002年12月11日

育种者 黑龙江省农业科学院玉米研究中心。李春秋、祁永红、王巍、戚长秋、武博。

品种来源 以自交系967-3为母本，自交系913-8为父本杂交选育而成的单交种。

育种方法 杂交育种。母本967-3是通过1 000伦琴 ^{60}Co-γ射线辐照处理玉米543/78599F_1风干种子，后代经自交选育而成。父本913-8是用340和前苏联引入早熟、抗旱自交系721杂交，再用340回交两代后经自交选育而成、成熟期早于340的改良系。1996年组配成专用型青贮玉米新品种。

形态特征 一年生草本，幼苗健壮，叶色浓绿。成株高大，叶片较宽，上部叶片短而收敛，株型较紧凑。果穗粗而大，单穗，群体整齐一致。株高300～340cm，穗位高127～135cm，茎粗2.3cm。成熟时茎叶青绿，活秆成熟。果穗圆柱形，穗长24cm，穗粗6.1cm，籽粒黄色，深马齿型，千粒重395～410g。

生物学特性 苗期较耐低温，适应性广，抗倒伏。生育期125～128天，需≥10℃有效积温2 650℃左右。鲜草产量70～90t/hm²。大穗，单穗重0.75kg以上，穗株比35%～42%，籽粒干物质中含粗蛋白质10.49%。蜡熟期全株干物质中含粗蛋白质11.46%，粗脂肪3.38%，粗纤维18.10%，无氮浸出物62.60%，粗灰分4.46%。适口性好，可消化养分总量占75.32%。抗玉米大小斑病、丝黑穗病、青枯病。成熟期适中，作专用青贮玉米栽培。

基础原种 保存于黑龙江省农业科学院玉米研究所。

适应地区 黑龙江省第一至第三积温带（代表地区分别为哈尔滨、大庆、齐齐哈尔等地）。

龙牧6号青贮玉米

Zea mays L. cv. Longmu No. 6

品种登记号 237

草种名称 玉米

品种名称 龙牧6号

登记日期 2002年12月11日

育种者 黑龙江省畜牧研究所。王凤国、王晓春、曹利军、马野、张利军。

品种来源 以自选系W19为母本、自交系优1为父本组配成的单交种。

育种方法 杂交育种。母本W19是以自交系黄早四经3个世代的抗逆性选育，引入早大黄的早熟性，注入产量好的基因回交，最后选育出青贮产量高的自交系。父本优1是以7326、7922作为基础材料、采用药物诱导，经3个世代自交，以青贮性状好的自交系进行杂交，最后选育成的优良自交系。1996 年配制成的单交种。

形态特征　一年生草本。株高 290～320cm，茎粗2.5～3.2cm。抽穗后全株叶片 18～19 片，叶色深绿，株型紧凑，叶片平展上举。穗长 16cm，粗 4cm，穗粒行数 14～16，籽粒马齿型，黄色，千粒重 280g。

生物学特性　生长特点为前期较慢，生长时间长，后期生长较快，枝叶繁茂，活秆成熟，籽实及青绿茎叶营养品质均较好。籽实干物质中含粗蛋白质 10.17%，鲜草干物质中含粗蛋白质 8.67%。抗大小斑病、丝黑穗病及青枯病，比较喜肥、喜水。根系发达，抗倒伏。鲜草产量 60～73t/hm^2。生育期 125～130 天。

基础原种　保存于黑龙江省畜牧研究所。

适应地区　黑龙江省大部分地区。

龙巡 32 号玉米

Zea mays L. cv. Longxun No. 32

品种登记号　317

草种名称　玉米

品种名称　龙巡 32 号

登记日期　2005 年 11 月 27 日

育种者　黑龙江省龙饲草业开发有限公司。许金玲、温君、戚长秋、叶世峰、张鹏咏。

品种来源　龙巡 32 号玉米是黑龙江省龙饲草业开发有限公司与河北省宣化巡天种业公司合作，以自交系 X982 作母本，自选系 X613 作父本杂交选育而成。

育种方法 杂交育种。

形态特征 禾本科一年生草本植物。株型为半收敛类型、较耐密植。根系发达、气生根较粗壮。株高 325cm。叶片浓绿，叶片数 21 片，穗上叶与茎秆夹角较小，叶片上举，上部株形为紧凑型，穗下叶片均为青绿色，茎基部直径 3.5cm 左右。果穗圆柱形、穗长 27.5cm、穗粗约 5cm，穗位 145cm。籽粒黄色，马齿型，千粒重 410g。

生物学特性 从出苗到蜡熟期生育天数为 117（在河北宣化）～123（在黑龙江）天，需≥10℃有效活动积温 2 300℃。抗玉米丝黑穗病、玉米大斑病、玉米小斑病和青枯病，抗倒伏和耐旱性均较强。苗期至拔节期生长快，中后期生长平稳。鲜草产量 74 000～82 000kg/hm^2。蜡熟期全株干物质中含粗蛋白质 10.95%，粗脂肪 3.42%，粗纤维 18.51%，无氮浸出物 62.32%，粗灰分 4.80%，含糖量 8.9%。可作为青贮玉米专用种植。

基础原种 由黑龙江省龙饲草业开发有限公司保存。

适应地区 在黑龙江第一、二积温带地区（代表地区为哈尔滨、大庆等地）。

龙育 1 号青贮玉米

Zea mays L. cv. Longyu No. 1

品种登记号 265

草种名称 玉米

品种名称 龙育 1 号

登记日期 2003年12月7日

育种者 黑龙江省农业科学院作物育种研究所。孙德全、陈绍江、李绥艳、张月学、马延华。

品种来源 1997年以自选系育106为母本，以外引系Gy798为父本杂交选育而成的玉米单交种。

育种方法 杂交育种。

形态特征 一年生草本，幼苗期第一叶鞘为紫色，株高320cm，穗位高140cm。活秆成熟，全株叶片18片，叶片深绿，茎绿色。花丝粉红色，雄穗分枝多。鲜草产量75～90t/hm^2。果穗为圆柱形，穗长24.0cm，穗粗5.0cm，粒行数16～18行，籽粒为半硬粒型、橙黄色。千粒重350g。

生物学特性 正常成熟生育日数132天，需≥10℃有效积温2 750℃；青贮时的生育日数（籽粒乳熟末期）115天，需≥10℃有效积温2 400℃。抗大、小斑病、丝黑穗病及青枯病。抗倒伏。鲜草产量75～90t/hm^2。乳熟末期全株干物质中含粗蛋白质8.22%，粗脂肪4.54%，粗纤维21.01%。作专用青贮玉米。

基础原种 保存于黑龙江省农业科学院作物育种研究所。

适应地区 黑龙江省第二、三积温带（大庆地区的杜蒙县和齐齐哈尔的林甸县、富裕县、克东县等地）。

新青1号青贮玉米

Zea mays L. cv. Xinqing No. 1

品种登记号 238

草种名称 玉米

品种名称 新青1号

登记日期 2002年12月11日

育种者 新疆农业科学院粮食作物研究所。梁晓玲、雷志刚、阿不来提、冯国俊、李进。

品种来源 用引自南斯拉夫优良玉米自交系ZPL773的自选改良系773-1为母本，用自选改良分蘖多穗玉米自交系多穗1为父本杂交选育而成。

育种方法 杂交育种。

形态特征 一年生草本，多分蘖多穗型玉米。须根系，根系发达。分蘖一般3～5个，多者10个以上，有效分蘖3～4个。多果穗，单株结穗一般5～8个，多者达12个。叶片数24。叶片长81.4cm，宽8.9cm。株高300cm左右，穗位高160cm左右，茎粗2.3cm，果穗筒形，长16cm，穗粗4.1cm。穗粒行数16～18，单穗粒重130g，出籽率86.7%。籽粒红色，硬粒型，千粒重180g。

生物学特性 春播生育期110天。苗期生长势强，叶片深绿，抗逆性、抗病虫性和适应性强。适合新疆南北疆春播、南疆夏播，外省区≥10℃有效积温2 400℃以上地区均可种植。全株干物质中含粗蛋白质10.07%，粗脂肪3.02%，粗纤维16.78%，无氮浸出物64.92%，粗灰分5.21%。籽粒干物质中含粗蛋白13.9%。鲜草产量67 500～82 500kg/hm^2，水肥条件好的可达105 000kg/hm^{2}以上。籽粒产量6 750kg/hm^2。

基础原种 保存于新疆农业科学院粮食作物研究所。

适应地区 新疆、河北坝上、内蒙古、陕西、甘肃等地。

新沃1号青贮玉米

Zea mays L. cv. Xinwo No. 1

品种登记号 291

草种名称 玉米

品种名称 新沃1号

登记日期 2004年12月8日

育种者 新疆沃特草业公司（原新疆兵团草业中心）。蒋明、贠旭疆、王代军、郭耿伟、尚新刚。

品种来源 1998年以自选系沃9518为母本，自交系沃9869为父本组配成的玉米单交种。

育种方法 杂交育种。

形态特征 一年生草本，多茎多穗型玉米。一般每株分蘖2～5个，最多达8个以上。株高280～320cm，主茎与分蘖高度相近，有叶21～23片。茎秆上下粗细均匀，主茎和分蘖都具有形成多果穗的能力，单株结果穗6～8个，最多达10个以上。果穗呈圆锥形，平均穗长15～19cm，粗约4cm，籽粒黄白色，硬粒型，千粒重350～400g。

生物学特性 生育期125～130天，前期生长速度一般，后期生长迅速，活秆成熟。鲜草产量为70～90t/hm^2，制种种子产量3 750～4 500kg/hm^2。籽粒干物质中含粗蛋白质9.08%，粗脂肪4.82%，无氮浸出物70.47%；蜡熟期全株干物质中含粗蛋白质7.90%，粗脂肪2.22%，粗纤维20.60%，无氮浸出物63.82%，粗灰分5.46%。作为青贮品种种植。

基础原种 由新疆沃特草业公司保存。

适应地区 适宜在无霜期110天以上的地区。

耀青2号玉米

Zea mays L. cv. Yaoqing No. 2

品种登记号 318

草种名称 玉米

品种名称 耀青2号

登记日期 2005年11月27日

育种者 广西南宁耀洲种子有限责任公司。赵维肖、王华校、顾兴建、谢孝源。

品种来源 以自选的自交系60-6作母本，自交系78-2为父本组配而成的单交种。

育种方法 杂交育种。

形态特征 禾本科一年生草本植物。其根系发达。茎秆粗壮，株高280～300cm，茎粗3cm，穗位135～140cm。主茎有叶22片，叶片长且宽、叶鞘绿色，叶色浓绿。花药黄色，花丝红色。果穗圆筒形，穗长约20cm，穗粗约6cm，14～16行。籽粒白色，半马齿型，千粒重360g。

生物学特性 该品种在华东地区春播或秋播出苗至乳熟后期的生长天数为90～100天。抗玉米丝黑穗病、玉米大斑病、玉米小斑病和青枯病，抗倒伏，耐旱、耐涝、耐低温。鲜草产量为75 000～90 000kg/hm^2。蜡熟期全株干物质中含粗蛋白质9.82%，粗脂肪1.89%，粗纤维22.37%，无氮浸出物 43.47%，粗灰分 8.55%。可作青贮专用种植。

基础原种 由广西南宁耀洲种子有限责任公司保存。

适应地区 华东、华南和西北地区。

结缕草属 *Zoysia* Willd.

辽东结缕草

Zoysia japonica Steut. cv. Liaodong

品种登记号 230

草种名称 结缕草

品种名称 辽东

登记日期 2001 年 12 月 22 日

申报者 辽宁大学生态环境研究所。董厚德、宫莉君、王艳、张绵、张学勇。

品种来源 从辽宁省沿海平原、丘陵和低山等地生长的野生结缕草群落中采集。

形态特征 多年生匍匐型禾草。匍匐茎和根状茎极其发达，在 0～5cm 的土层内形成致密的根茎层。秆直立，高 10～20cm。叶片线状披针形，长 3～30cm 宽 4～6mm。夏季叶片呈蓝绿色，秋季呈紫红色。穗形总状花序顶生，长 2～4cm，宽 3～5mm，小穗卵形，两侧压扁，含 1 朵小花；第一颖退化，第二颖革质。平均每个花序结种子 42 粒，千粒重 0.71g。

生物学特性 抗干旱、弹性好、耐践踏、抗病虫害、耐低修剪、寿命长。其生态幅广，适应性强，温度适应范围

－38.6～45℃，在湿润和半湿润气候区可成为雨养型草坪。在 pH5.4～8.5，沙土、壤土和重黏土质地的土壤直播，50～60 天内即可形成致密平整的草坪。是建植运动场草坪及城市开放型草坪的优良草种，也是用于公路、堤坝、山地护坡和矿山废弃地生态修复的首选草种。

基础原种 由辽宁大学保存。

适应地区 在南北纬 42°30′范围内的湿润和半湿润气候区可建成雨养型草坪。在中国除青藏高原、新疆和大兴安岭北部外，全国大部分地区均可种植。

华南半细叶结缕草

Zoysia matrella（L.）Merr. cv. Huanan

品种登记号 199

草种名称 半细叶结缕草（亦称沟叶结缕草、马尼拉草）

品种名称 华南

登记日期 1999 年 11 月 29 日

申报者 中国热带农业科学院。白昌军、刘国道、韦家少、王东劲、周家锁。

品种来源 1990 年从甘肃草原生态研究所引进。

形态特征 多年生匍匐型禾草。具发达的根状茎和匍匐茎，根系入土深 15～24cm。秆直立，草层自然高 5～10cm。叶色深绿，叶片长披针形，光滑，长 5～8cm、宽 0.2cm，叶舌具茸毛，包茎或半包茎，叶丛密集而富有弹性。生殖枝较长，小穗排列于穗轴成紧凑的圆锥花序，花序长 1～2cm；

每花序发育 20～25 个小穗，小穗披针形两侧压扁，每小穗发育小花 1 朵，花药 3 枚，紫色。种子成熟时种穗暗褐色，颖果细小，种子卵圆形，千粒重 0.238g。

生物学特性 叶色深绿，质地优良，成坪速度快，密度高，耐践踏，耐修剪。恢复生长快，抗热性强，在滨海沙地种植表现良好，越夏性能优良，耐旱。抗病虫害，抗杂草性能强。适宜用于建植绿化及运动场草坪。

基础原种 由中国热带农业科学院保存。

适应地区 长江以南的热带、亚热带地区。

豆 科

落花生属 *Arachis* L.

阿玛瑞罗平托落花生

Arachis pintoi Krap. & Greg. cv. Amarillo

品种登记号 256

草种名称 平托落花生

品种名称 阿玛瑞罗

登记日期 2003 年 12 月 7 日

申报者 福建省农业科学院农业生态研究所、福建省山地草业工程技术研究中心。黄毅斌、应朝阳、郑仲登、陈恩、翁伯奇。

品种来源 1990 年引自澳大利亚。

形态特征 多年生匍匐型、蔓生性草本植物。茎贴地生长，分枝多，草层高 10～30cm。羽状复叶，小叶 4 片，长卵形，互生。总状花序腋生，蝶形花冠，色淡黄，花多；果针长 1～27cm，斜向插入土壤，深度 10～20cm，大部分入土的果针能结荚。荚果长桃形，每荚有一粒种子，种子千粒重约 70g。

生物学特性 具有耐酸、耐瘠薄、耐铝、耐旱、抗热等特点，有较强的耐荫能力，适应果园套种。营养丰富，花期干物质中含粗蛋白质 15.88%，粗脂肪 1.36%，粗纤维 29.43%，无氮浸出物 41.68%，粗灰分 11.65%，钙 1.38%，磷 0.19%。适口性好，消化率高。覆盖地面速度快，草被紧贴地面，较矮且整齐。花期长，出苗后 3～4 周就开始开花，除寒冷的冬天外，通常一年花期不断，具有良好的美化、绿化效果。结实率及种子产量较低，主要以无性繁殖为主。适宜作为牧草或地被植物使用。开花期干物质中含粗蛋白质 15.88%、粗脂肪 1.36%、粗纤维 29.43%、无氮浸出物 41.68%、粗灰分 11.65%，钙 1.38%、磷 0.19%。

基础原种 保存于澳大利亚。

适应地区 海南、福建、广东等热带、南亚热带地区。

热研 12 号平托落花生

Arachis pintoi Krap. &Greg. cv. Reyan No. 12

品种登记号 277

草种名称 平托落花生

品种名称 热研 12 号

登记日期 2004 年 12 月 8 日

申报者 中国热带农业科学院热带作物品种资源研究所。白昌军、刘国道、何华玄、王东劲、王文强。

品种来源 1991 年 10 月从哥伦比亚国际热带农业中心引入。

形态特征 多年生草本植物。茎贴地生长，草层高 20cm，全株被稀疏茸毛。羽状复叶，2 对小叶，上部一对较大，长 32～45mm，宽 20～28mm，倒卵形，下部一对较小，长 30～40mm，宽 15～25mm，矩圆形。总状花序腋生，小花无柄，有托状苞片，旗瓣浅黄色，有橙色条纹，翼瓣钝圆，橙黄色，龙骨瓣喙状。果针长 1～27cm，穿透土壤表层，入土深度小于 7cm，果针前端膨大成荚，每荚一粒种子，种子褐色，千粒重 69.5g。

生物学特性　喜热带潮湿气候，适应性强。从重黏土到沙土均能良好生长，耐酸瘦土壤，特别耐重铝土壤和低肥力土壤。耐荫性较强，耐旱，在年降水 650mm 以上的地区均能良好生长。具有较高的茎叶产量，耐牧性、持久性、饲用价值较好。易于用种子或无性繁殖建成草地，特别是花期长，开花时一片金黄，具有良好的园林绿化效果，为牧草与草坪兼用型品种。茎叶干物质中含粗蛋白质 15.27%、粗脂肪 1.99%、粗纤维 25.54%、无氮浸出物 47.01%、粗灰分 10.19%。

基础原种　由中国热带农业科学院热带作物品种资源研究所保存。

适应地区　适宜年降水 650mm 以上的热带、南亚热带地区种植，在海南、广东、广西、云南、福建等省（区）表现最优。

黄芪属　*Astragalus* L.

中沙 1 号沙打旺

Astragalus adsurgens Pall. cv. Zhongsha No. 1

品种登记号　324

草种名称　沙打旺

品种名称　中沙1号

登记日期　2006年12月13日

育种者　中国农业科学院北京畜牧兽医研究所。李聪、苗丽宏、李蕾蕾、王兆卿、王永辰。

品种来源　以航天搭载诱变选择的河南栽培沙打旺早熟优株和五台山野生沙打旺优株为亲本杂交选育而成。

育种方法　1996年利用我国返回式卫星搭载河南栽培沙打旺进行空间诱变处理。1997—1999年通过对M_0、M_1和M_2材料进行测试分析，获得沙打旺的早熟变异优株。1999年7月将该优株与山西五台山野生沙打旺优选单株进行控制授粉，获杂种一代。2000年对F1代优株进行控制授粉，获F2代。2001年对F2代采用混合选择法育成。

形态特征　多年生草本。具半匍匐生长特性，植株分枝多，枝条细，开花期株高为85～100cm。奇数羽状复叶，小叶长椭圆形，叶量大。总状花序，腋生，花紫色。荚果矩形，种子较小，扁椭圆形，褐色，千粒重1.2～1.5g。

生物学特性　属中早熟品种，比河南栽培沙打旺提前开花10～15天。适口性好，饲草品质优良，与河南栽培沙打旺相比，初花期地上部分干物质中粗蛋白质含量高出2.0个百分点，为15.60%（河南栽培沙打旺为13.60%），粗纤维降低2.46个百分点，为29.34%（河南栽培沙打旺为31.80%），现蕾期和盛花期烘干茎叶中有毒物质——3-硝基丙酸含量分别为5.43mg/kg和4.12mg/kg，同期对照品种（河南栽培沙打旺）分别为11.05mg/kg和11.30mg/kg，分别较对照品种降低 50.86%～63.88%。在北京地区干草产量 7 000～8 000kg/hm²，种子产量 300～450kg/hm²。既可作为饲草利用，又能作为防风固沙和水土保持用草。

基础原种　由中国农业科学院北京畜牧兽医研究所保存。

适应地区　北方无霜期 120 天以上的地区作为饲草种植，种子生产需要在无霜期 150 天以上的地区。

锦鸡儿属　*Caragana* Lam.

晋北小叶锦鸡儿

Caragana microphylle Lam. cv. Jinbei

品种登记号　276

草种名称　小叶锦鸡儿

品种名称　晋北

登记日期　2004 年 12 月 8 日

申报者　山西省农业科学院、中国农业科学院畜牧研究所。牛西午、高洪文、牛宇、蒙秋霞、张丽珍。

品种来源　晋北小叶锦鸡儿是山西省农业科学院等单位从内蒙古、山西、陕西三省区 27 个县市的小叶锦鸡儿群体中采集优良植株种子，经混合播种和扩大繁殖而成。

形态特征　豆科多年生小灌木。株高 165～204cm，枝条粗壮通直，次级分枝多，株型紧凑挺拔，当年生枝条绿色，具棱，老枝黄绿色或绿褐色，三年生枝条粗 12～14mm。羽状复叶，小叶 4～8 对，倒卵形，叶面无毛或疏被平伏白毛，叶长8～20mm，宽4～10mm，托叶成刺状，短而柔弱，一年生枝条上刺长不到3mm，二、三年生枝条上刺长4～5mm，质脆易折。蝶形花，单生或2～3朵簇生，花黄色。种子肾形，黄绿色或具紫黑色斑纹，千粒重27～39g。

生物学特性 该品种特点是植株较高，分枝多而且通直，植株少刺或无刺。抗寒，可抵御－30～－40℃严寒。抗旱，在年降水量150～200mm的干旱荒漠地区可正常生长。耐热，最高温度为48～49℃时生长正常。耐盐碱，可在pH8～10.5的土壤上正常生长。耐瘠薄。年均干草产量7 800～8 600kg/hm^2，种子产量330～400kg/hm^2。叶片干物质中含粗蛋白质23.46%，粗纤维12.38%，粗脂肪3.77%。适口性好。

基础原种 保存于山西省农业科学院。

适应地区 西北、华北、东北的干旱、半干旱地区。

决明属 *Cassia* L.

闽引羽叶决明

Cassia nictitans cv. Minyin

品种登记号 224

草种名称 羽叶决明

品种名称 闽引

登记日期 2001年12月22日

申报者 福建省农业科学院农业生态研究所、福建省山地草业工程技术研究中心。黄毅斌、应朝阳、翁伯奇、曹海峰、方金梅。

品种来源 1996 年从澳大利亚热带牧草种质资源中心引进，原产于巴拉圭。

形态特征 多年生直立型热带草本植物。直根系，主根长 80～120cm；侧根发达，主要分布在 0～30cm 土层。茎圆形，直立，株高 110～150cm。羽状复叶，互生，小叶条形，长 54～57mm，宽 18～21mm。花腋生，黄色，蝶形花冠。荚果扁平，成熟后易爆裂。种子黑褐色，种皮坚硬，不规则扁平长方形，千粒重 4.6～4.8g。

生物学特性 喜高温，耐旱、耐瘠薄、耐酸、耐高铝，无病虫害、根部有效根瘤多且固氮活性强。冬季初霜后地上部分逐渐干枯死亡，在中亚热带及其以南地区可自然越冬和越夏。干草产量为 14 690～14 975kg/hm^2。种子产量高，可达 225～300kg/hm^2，落地种子次年自然萌发再生能力强，可一年播种多年利用。盛花期干物质中含粗蛋白质 14.96%，粗脂肪 4.19%，粗纤维 27.06%，无氮浸出物 44.24%，粗灰分 9.55%。结荚前的鲜草牛、羊、猪、鹅、鱼喜食，对兔适口性较差，可放牧、青饲、青贮或制作干草。结荚后茎易老化，影响适口性与饲喂效果，可作水土保持或绿肥利用。

基础原种 保存于澳大利亚热带牧草种质资源中心(ATFGRC)。

适应地区 海南、福建、广东、湖南、江西等热带、亚热带红壤地区种植，尤其适合中亚热带、南亚热带地区。

闽引圆叶决明

Cassia rotundifolia Pers. cv. Minyin

品种登记号 314

草种名称 圆叶决明

品种名称 闽引

登记日期 2005年11月27日

申报者 福建省农业科学院农业生态研究所、福建省山地草业工程技术研究中心。应朝阳、黄毅斌、翁伯奇、曹海峰、林永生。

品种来源 1996年从澳大利亚热带牧草种质资源中心引进，原品系号为CPI86134。

形态特征 多年生草本植物。直根系，侧根发达，主要分布在0～20cm土层。茎圆形，半直立，长50～150cm，草层高60～80cm。叶互生，复叶，由两片小叶组成，不对称，倒卵圆形，长34～40mm，宽18～25mm。花腋生，黄色。荚果扁平，种子褐色，不规则扁平四方形，千粒重5.0～5.1g。

生物学特性 喜高温，极耐旱、耐瘠薄、耐酸、耐高铝，抗热、基本无病虫害。种子产量高，落地种子自然萌发再生能力强。冬季初霜后地上部逐渐死亡、干枯，表现出一年生性状，次年要靠落地种子萌发繁殖。盛花期干物质中含粗蛋白质17.59%，粗脂肪4.23%，粗纤维27.89%，无氮浸出物44.14%，粗灰分6.15%，干物质产量为9 000～10 500kg/hm^2。适宜于饲用和作为水土保持植物利用。

基础原种 保存于澳大利亚。

适应地区　福建、广东、江西等热带、亚热带红壤地区。

威恩圆叶决明

Cassia rotundifolia Pers. cv. Wynn

品种登记号　222

草种名称　圆叶决明

品种名称　威恩

登记日期　2001 年 12 月 22 日

申报者　中国农业科学院土壤肥料研究所祁阳红壤实验站。文石林、徐明岗、罗涛、张久权、谢良商。

品种来源　原产于巴西，1964 年引入澳大利亚，1984 年在昆士兰州通过品种审定登记。

形态特征　为短期多年生热带牧草。直根系，主根长达 80cm。茎半直立，中度木质化，株高 45～110cm。复叶，由 2 片小叶组成，不对称，近圆形至倒卵圆形，长 1.2～3.8cm，宽 0.5～2.5cm。花腋生，黄色。萼片披针形，具纤毛，长 5mm，花瓣倒卵形，长 6mm。荚果扁平状，长 2.0～4.5cm，宽 0.25～0.5cm，成熟后易爆裂。种子黄褐色，不规则扁平四方形，千粒重 3.9～4.1g，种皮坚硬，硬实率高达 80%。

生物学特性　喜酸，土壤 pH 低于 4.7 时生长良好。耐旱性强，在土壤水分低于 6.5%时才出现轻度萎蔫。耐瘠薄，耐重牧，耐践踏，适于粗放管理。具有一定的耐荫性，适于果园间套种。不耐霜冻，只有在轻霜或无霜区，才能安全越冬。固氮能力强，每公顷可固氮 180kg 以上。在红壤荒地旱地及幼龄橘园下种植，干草产量平均为 7 212～7 604 kg/hm^2。种子产量高，种子产量约 480kg/hm^2，种子成熟后散落，第二年春天大量萌发，可一年播种多年利用。初花期干物质中含粗蛋白质 20.40%，粗脂肪 4.70%，粗纤维 29.50%，无氮浸出物 39.10%，粗灰分 6.30%。钙、镁含量丰富，可加工成草粉。能与大多数禾本科牧草混播。

基础原种 保存于澳大利亚昆士兰州 CSIRO 热带作物与牧草研究所。

适应地区 南方热带、亚热带红黄壤地区。

山蚂蟥属 *Desmodium* Desv.

热研 16 号卵叶山蚂蟥

Desmodium ovalifolium Wall. cv. Reyan No. 16

品种登记号 313

草种名称 卵叶山蚂蟥

品种名称 热研 16 号

登记日期 2005 年 11 月 27 日

申报者 中国热带农业科学院热带作物品种资源研究所。刘国道、白昌军、何华玄、唐军、李志丹。

品种来源 1981 年从澳大利亚引入，原编号 CIAT350。原产于湿润、半湿润的东南亚地区。

形态特征 多年生平卧生长的灌木状草本植物。株高 100～150cm，基部木质化，茎粗 0.5～1.5cm。三出复叶或下部小叶单叶互生，小叶近革质，绿色，顶端小叶阔椭圆形，长2.5～4.5cm，宽2.2～2.8cm，侧生小叶阔椭圆形，长1.6～2.5cm，宽1.0～1.5cm。总状花序顶生，花冠蝶形，长6～8mm，初开时粉红色，后转为蓝紫色，旗瓣阔卵形，翼瓣倒卵状长圆形，龙骨瓣弯曲。荚果长1.5～1.9cm，具4～5个节荚。种子扁肾形，微凹，淡黄色，长2mm，宽1.5mm，千粒重1.54g。

生物学特性　喜潮湿的热带、南亚热带气候，适应性广，抗逆性强，牧草产量较高。对湿热地区酸瘦土壤的适应性较好，对土壤营养需求不高。其根系发达，可吸收深层土壤中的水分和养分。适于高铝、高锰和低磷土壤生长。具有较强的耐荫性、耐涝性和抗水淹能力，也具有一定的耐旱性。营养生长期干物质中含粗蛋白质13.43%，粗脂肪2.48%，粗纤维36.52%，无氮浸出物41.46%，粗灰分6.11%，钙0.83%，磷0.11%。适宜于饲用和作为水土保持植物利用。

基础原种　由中国热带农业科学院热带作物品种资源研究所保存。

适应地区　我国长江以南、年降水量1 000mm以上的热带、南亚热带地区。

山羊豆属　*Galega* Linn.

新引1号东方山羊豆

Galega orientalis Lam. cv. Xinyin No. 1

品种登记号　275

草种名称 东方山羊豆

品种名称 新引1号

登记日期 2004年12月8日

申报者 新疆畜牧科学院草原研究所。张清斌、李柱、朱忠艳、杨志忠、张江玲。

品种来源 1999年1月和12月引自哈萨克斯坦饲料研究所和俄罗斯圣彼得堡国立农业大学。

形态特征 豆科多年生草本植物。茎直立，中空，具7～10节，株高90～120cm，茎秆多为绿秆紫节。奇数羽状复叶，长8～20cm，由7～15片小叶组成，下部叶为卵形，上部叶为椭圆形或长椭圆形，每茎着生8～13片复叶。总状花序，顶生，每个枝条有3～4个花序，花序长15～35cm，每花序有15～50朵小花，花为蓝紫色或浅紫色。荚果马刀状，褐色，长1.7～4cm，宽0.2～0.4cm，每荚有种子1～7粒。种子肾形，新鲜种子呈淡黄绿色，旧种子呈浅褐色，千粒重6～6.2g。

生物学特性 具有根蘖性状，繁殖能力强，春季返青早，生长快，叶量丰富，反刍家畜青饲后不得臌胀病。抗寒性好，有雪覆盖时，可在－25～－40℃低温下安全越冬，在pH5.3～8.0的偏酸性或轻度盐碱化土壤上生长发育良好。生育期110～115天，年可刈割3次，在2000—2002年区域试验和生产试验中，播种当年产草量低，第2年以后干草产量平均分别为15 209kg/hm^{2}和12 492kg/hm^2。生长第三年的种子产量为450～600kg/hm^2。初花期干物质中含粗蛋白质26.30%，粗脂肪2.05%，粗纤维28.06%，无氮浸出物

32.83%，粗灰分10.76%。各种家畜均喜食，饲喂奶牛可促进泌乳，提高产奶量。

基础原种　保存于哈萨克斯坦和俄罗斯。

适应地区　我国干旱、半干旱地区有浇水条件的地方种植，也可在年降水量600mm以上地区旱作。

岩黄芪属　*Hedysarum* L.

赤峰山竹岩黄芪

Hedysarum fruticosum Pall. cv. Chifeng

品种登记号　311

草种名称　山竹岩黄芪

品种名称　赤峰

登记日期　2005年11月27日

申报者　赤峰润绿生态草业技术开发研究所、赤峰市草原工作站、巴林右旗草原工作站。王润泉、王霄龙、刘国荣、王国成、刘建宇。

品种来源　在内蒙古巴林右旗采集的野生山竹岩黄芪，经长期栽培驯化而成。

形态特征　豆科岩黄芪属多年生半灌木。根粗壮，红褐色。茎直立，多分枝，株高100～150cm，形成明显主茎。单数羽状复叶，具小叶9～21片；小叶长卵形或卵状矩圆形，全缘，长约1.3～2.3cm，宽约0.3～0.5cm。总状花序腋生，具4～10朵小花。花冠蝶形，紫红或粉红色，荚果1～4节，单节含一粒种子。种子呈椭圆不规则肾形，黄色或黄褐色，千粒重 8g 左右。

生物学特性 抗寒、耐旱、抗风沙，根系发达，枝条萌蘖力强，喜沙性土壤。既是营养品质好、有较高饲用价值的饲用半灌木，又是抗逆性强、防风固沙、保持水土的长寿命植物。盛花期干物质中含粗蛋白质 16.09%，粗脂肪 2.99%，粗纤维 35.69%，无氮浸出物 41.45%，粗灰分 3.78%。在赤峰地区干草产量为 4 000kg/hm^2。适宜于饲用和作为水土保持植物利用。

基础原种 由赤峰润绿生态草业技术开发研究所保存。

适应地区 我国东北、华北和内蒙古等地区的沙地、黄土丘陵区。

中草 2 号细枝岩黄芪

Hedysarum scoparium Fisch. Et. Mey cv. Zhongcao No. 2

品种登记号 205

草种名称 细枝岩黄芪

品种名称 中草 2 号

登记日期 1999 年 11 月 29 日

育种者 中国农业科学院草原研究所。黄祖杰、阎贵兴、周淑清、钟乌拉、冯子玉。

品种来源 从毛乌素沙漠大面积细枝岩黄芪野生灌木林中选择高产单株为原始材料，经单株选择与混合选择相结合，选育而成。

育种方法 单株选择与混合选择相结合。

形态特征 多年生沙生灌木，二倍体（2n=16）。株高

200～300cm，表皮暗深黄色。主根明显，侧根发达，地下根状茎向四周呈放射状延伸，其节处产生不定根和不定芽，芽伸出地面形成植株。奇数羽状复叶，有小叶7～11片。总状花序腋生，花紫红色。荚果卵形、具网纹，密生白色毡状柔毛。种子圆形、褐色，千粒重20～25g。

生物学特性　耐旱、耐热、抗寒、耐瘠薄、抗风沙。建植初期产草量低，3年以后进入产量高峰期。干草产量可达15 000kg/hm²，比原始群体增产20%左右。可食部分营养丰富，盛花期干物质中含粗蛋白质13.83%，粗脂肪3.55%，粗纤维32.50%，无氮浸出物44.66%，粗灰分5.46%。是干旱沙地的优良灌木，除饲用外，还可用于防风固沙。

基础原种　由中国农业科学院草原研究所保存。

适应地区　我国华北、西北地区半固定沙丘和覆沙地种植，也可以在其他地区的沙地、覆沙地试种。

胡枝子属　*Lespedeza* Mich.

科尔沁尖叶胡枝子

Lespedeza hedysaroides cv. Keerqin

品种登记号　325

草种名称　尖叶胡枝子

品种名称　科尔沁

登记日期　2006年12月13日

申报者　中国农业科学院草原研究所、中国农业大学、内蒙古林西县草原工作站。孙启忠、韩建国、王赟文、赵淑芬、冯志茹。

品种来源 1996年在内蒙古林西县采集野生尖叶胡枝子，经多年栽培驯化而成。

形态特征 多年生草本状半灌木。基部分枝2～7个，茎直立，枝条上部形成大量分枝，呈扫帚状，开花期株高60～90cm。直根系。叶片条状长圆形。总状花序，腋生，具3～5朵小花，花白色有紫斑。荚果圆形，有短柔毛，内含种子1粒，种子千粒重1.57～1.84g。

生物学特性 生育期120天左右。适应性广，抗旱、耐寒、耐瘠薄，病虫害少。通常散生在立地条件严酷的碎石干旱山坡上。干草产量4 700～5 100 kg/hm^2，种子产量550kg/hm^{2}左右。营养价值较高，适口性好，各类家畜均喜食，二年生孕蕾期干物质中含粗蛋白质16.22%，粗脂肪2.36%，粗纤维33.69%，无氮浸出物41.93%，粗灰分5.80%，钙1.73%，磷1.31%。是家畜的优良饲料，也可用于干旱地区沙化、退化草地改良。

基础原种 由中国农业科学院草原研究所保存。

适应地区 内蒙古东部，东北、华北干旱与半干旱地区。

罗顿豆属 *Lotononis* Eckl. et Zeyh.

迈尔斯罗顿豆

Lotononis bainesii Baker. cv. Miles

品种登记号 223

草种名称　罗顿豆

品种名称　迈尔斯

登记日期　2001 年 12 月 22 日

申报者　中国农业科学院土壤肥料研究所祁阳红壤实验站。文石林、徐明岗、黄平娜、秦道珠、王伯仁。

品种来源　1993 年从澳大利亚热带农业研究所引进，原产于南非。

形态特征　多年生豆科热带草本植物。直根系，侧根发达，匍匐茎节上也能长出发达的根系。茎匍匐，细长，达 120～150cm，光滑无毛，分枝不规则。草层高度可达 60cm。掌状三出复叶，偶有四叶或五叶，单生或多个簇生于茎节上。叶片长条形，先端尖，中间叶片长 3.8cm，宽 1.7cm，其余叶片小。总状花序，顶部可集中成伞状，具 8～23 朵小花，花黄色。荚果长条形，内含种子多且相连，成熟时易迸裂，种子米黄色或品红色，椭圆形或不对称心形，千粒重 0.3g。

生物学特性　耐酸、耐瘠薄，在 pH4.5、未施肥的荒地上生长良好。较耐高温干旱，抗霜冻。耐荫，适于果园种植。根系发达，根瘤多，固氮能力强。茎节着地生根，繁殖速度快，竞争能力强，能与多种禾本科牧草混播，同时具有良好的水土保持能力。生长季节长，一年四季可提供鲜草。在湖南祁阳的幼龄及中龄橘园和幼龄枇杷园生产试验中，干草产量为 6 165～7 080kg/hm^2。种子产量为 45～75kg/hm^2。盛花期干物质中含粗蛋白质 20.20%，粗脂肪 4.40%，粗纤维 27.30%，无氮浸出物 40.10%，粗灰分 8.00%。适口性好，牛、羊、猪、兔、鹅均喜食。

基础原种 由澳大利亚 CSIRO 热带作物与牧草研究所保存。

适应地区 长江以南红黄壤地区。

大翼豆属 *Macroptilium* Urb.

色拉特罗大翼豆

Macroptilium atropurpureum（DC.）Urb. cv. Siratro

品种登记号 248

草种名称 大翼豆

品种名称 色拉特罗

登记日期 2002 年 12 月 11 日

申报者 中国热带农业科学院热带牧草研究中心。易克贤、何华玄、刘国道、白昌军、符南平。

品种来源 1965 年从澳大利亚引进。

形态特征 多年生缠绕性草本植物。直根系，根系发达，具根瘤。茎匍匐蔓生，长达 400cm 以上，柔软，能缠绕它物而生，茎具节，茎节着地生根。三出复叶，深绿，叶背具银灰色短茸毛，叶片卵圆形，长 3～8cm，宽 2～5cm，两侧小叶外缘常具浅裂。花深紫色，两枚翼瓣特大，花梗长，有花 2～15 朵，闭花受精。荚果长而细，顶端稍弯曲，具种子 8～15 粒，成熟时呈褐色。种子卵圆形，种皮光滑，千粒重 12～13g。

生物学特性 抗旱性强，覆盖性好，可用作铁路、公路两侧的覆盖植物和水土保持植物。耐酸性土壤，可在 pH4.5 的土壤中正常生长，耐瘠薄，较耐荫。与禾本科的臂形草、坚尼草混播，亲合性和持续性好。耐牧，叶量大，茎叶柔软，适口性好，是青饲及刈制干草的优良豆科牧草。在海南东方市、云南思茅等地种植，鲜草产量为 50 000～60 000kg/hm^2。种子产量达 581kg/hm^2。盛花期干物质中含粗蛋白质 20.38%，粗脂肪 2.71%，粗纤维 30.76%，无氮浸出物 38.65%，粗灰分 7.50%。

基础原种　保存于澳大利亚。

适应地区　我国热带、南亚热带地区。

苜蓿属　*Medicago* L.

呼伦贝尔黄花苜蓿

Medicago falcata L. cv. Hulunbeier

品种登记号　269

草种名称　黄花苜蓿

品种名称　呼伦贝尔

登记日期　2004 年 12 月 8 日

申报者　内蒙古自治区呼伦贝尔市草原研究所、内蒙古农业大学、鄂温克旗大地草业公司。刘英俊、云锦凤、王俊杰、张明、洪杰。

品种来源　从内蒙古呼伦贝尔市鄂温克旗草原采集野生黄花苜蓿，经栽培驯化而成。

形态特征　豆科多年生草本植物。株型直立或半直立，株高 100cm。多个主茎，每茎有较多的 1 级和 2 级分枝。三出复叶，小叶倒卵形或披针形，距地面 30～43cm 高的草层内小叶长 1.3～2.0cm，宽 0.3～1.0cm，先端钝圆，基部楔形，边缘有微小锯齿。总状花序，生于叶腋或茎的顶端，每花序具小花 20 朵左右，花鲜黄色。荚果扁平，弯曲成半月形或镰形。种子为不规则肾形，鲜黄至黄褐色，千粒重 1.4g。

生物学特性 生育期约 120 天。抗寒，在内蒙古最寒冷的地区能安全越冬。同时具有耐旱、抗病虫及持久性长的特点。在呼伦贝尔市种植，年均干草产量为 7 000～9 000kg/hm^2。种子产量 180～225 kg/hm^2。现蕾期干物质中含粗蛋白质 19.92%，粗脂肪 1.90%，粗纤维 30.54%，无氮浸出物 40.15%，粗灰分 7.49%，蛋白质消化率 65.68%。适口性好，各种家畜喜食。

基础原种 由内蒙古自治区呼伦贝尔市草原研究所保存。

适应地区 我国北方高寒及干旱地区。

陇东天蓝苜蓿

Medicago lupulina L. cv. Longdong

品种登记号 246

草种名称 天蓝苜蓿

品种名称 陇东

登记日期 2002 年 12 月 11 日

申报者 甘肃农业大学、甘肃创绿草业科技有限公司。

曹致中、冯毓琴、柴惠、仇良德、容维中。

品种来源　1998 年从甘肃灵台县等地采集的野生种子经栽培驯化而成。

形态特征　一年生或越年生草本植物。主根细长，茎匍匐或半直立，长 20～40cm。叶为 3 出复叶，宽倒卵形或似菱形，长宽相似，1～1.5cm，小叶边缘上部具锯齿。头状或总状花序，长 1～1.5cm，密生小花 10～18 朵；花冠黄色，蝶形。荚果黑色，弯曲呈肾形，有网纹；每荚有种子 1 粒，肾形，黄褐色，千粒重 0.9～1.1g。

生物学特性　作为草坪地被密植时，叶小花黄，整齐美观。耐寒、耐旱性强，可耐受－28℃的低温。在干旱坡地植株低矮，高 20cm 左右。一年生植株生育期约 80 天，越年生植株约 240 天。在生长期内可修剪 3～5 次，不会影响更新和再生。适宜用于建植公共绿地以及作为牧草或绿肥利用，在麦类作物夏收后复种和玉米田行间套种，单播时干草产量达 6 000～9 000kg/hm^2。

基础原种　由甘肃农业大学保存。

适应地区　我国北方除高寒地区和荒漠半荒漠地区以外的大部分地区，尤宜在黄土高原。

牧歌 401＋Z 紫花苜蓿

Medicago sativa L. cv. AmeriGraze401＋Z

品种登记号　272

草种名称　紫花苜蓿

品种名称　牧歌 401＋Z

登记日期 2004 年 12 月 8 日

申报者 北京克劳沃草业技术开发中心、北京格拉斯草业技术研究所。刘自学、苏爱莲、刘艺杉、吴序卉、王继朋。

品种来源 北京克劳沃草业技术开发中心 1998 年从美国引进，原品种由美国赛贝科国际种子公司育成。

形态特征 豆科多年生草本植物。株型直立，自然株高 110cm，分枝多。三出复叶，叶片较大，距地面 30～40cm 高草层内小叶平均长 2.98cm，宽 1.66cm。总状花序，主枝花序长平均 3.98cm，花紫色。荚果螺旋形，每荚含种子 10.2 粒。种子不规则肾形，千粒重约 2.3g。

生物学特性 生育期 123 天。较晚熟，耐刈性好，刈割后恢复生长快。抗寒抗旱性强，具有良好生产潜力。在河北省石家庄市、甘肃省张掖、新疆乌鲁木齐市等地种植，年均干草产量为 20 000kg/hm^2。初花期干物质中含粗蛋白质 23.78%，粗脂肪 2.10%，粗纤维 30.89%，无氮浸出物 31.78%，粗灰分 11.45%。适口性好，各种家畜喜食。

基础原种 保存于美国。

适应地区 华北大部分地区、西北、东北、华中部分地区。

保定苜蓿

Medicago sativa L. cv. Baoding

品种登记号 245

草种名称 紫花苜蓿

品种名称 保定

登记日期 2002年12月11日

申报者 中国农业科学院北京畜牧兽医研究所。张文淑、张玉发、李聪、方唯、李敏。

品种来源 1951年采自河北省保定市的农家品种，经多年整理评价而成。

形态特征 豆科多年生草本植物。株型直立，晚秋和早春斜生。根系发达，主根入土深，生长第四年0～100cm土层中根系干重为4 995kg/hm²，0～30cm根重占总根重的73.5%。开花期株高90～105cm。茎粗0.52cm。叶片较大，小叶长3.1～3.3cm，宽1.4～1.5cm。总状花序，花色浅紫或中紫。荚果螺旋状，2～4圈，有种子6～9粒。种子肾形，黄色或黄褐色，千粒重2.07g。

生物学特性 属中熟品种，在北京生育期102天，在内蒙古赤峰市108天。再生性好，刈割后再生迅速；持久性好，生长第三年、第四年为产量高峰期。耐盐性较好，在土壤含盐量0.3%（NaCl为主）的土地上生长良好。抗寒、耐旱性较好，抗病虫较好。年均干草产量为12 000～16 000 kg/hm²。草质好，盛花期叶茎比为0.64∶1，干物质中含粗蛋白质18.47%，粗脂肪2.21%，粗纤维34.72%，无氮浸出物35.81%，粗灰分8.79%；第四茬再生草叶茎比为0.9∶1，干物质中含粗蛋白质21.12%，粗脂肪1.78%，粗纤维30.19%，无氮浸出物36.40%，粗灰分10.51%。适口性好，各种家畜喜食。

基础原种 保存于中国农业科学院北京畜牧兽医研

究所。

适应地区 北京、天津、河北、山东、山西、甘肃、宁夏、青海东部、内蒙古中南部、辽宁、吉林中南部等地区。

德宝紫花苜蓿

Medicago sativa L. cv. Derby

品种登记号 253

草种名称 紫花苜蓿

品种名称 德宝

登记日期 2003 年 12 月 7 日

申报者 百绿（天津）国际草业有限公司。陈谷、曹致中、周禾、杨军炜、房丽宁。

品种来源 1998 年由荷兰百绿集团公司引进，原品种是荷兰百绿公司在法国南部育种站以法国北部的古老地方品种与匈牙利的秋眠型品种杂交组配成的综合品种，1982 在法国首先登记，现已在多个国家注册登记。

形态特征 豆科多年生草本植物。其株型直立，株高约 100cm。主根粗壮，入土深，根系发达。茎光滑，多分枝。三出复叶，小叶卵圆形或椭圆形，叶片较大。总状花序，长 4～6cm，长于普通品种（2～4cm），花以紫色或浅紫色为主，深紫色约占 20%，黄花率小于 1%。螺旋形荚果，成熟时深褐色。种子肾形，黄色，千粒重 1.8～2.3g。

生物学特性 持久性好，春季和夏季产量高，秋季产量中等。抗倒伏和抗寒性较强，对土壤和气候条件适应性广。秋眠级为 4～5，生育期约 110 天，年可刈割 3～4 次。在河北、北京、甘肃等地种植，年均干草产量为14 000～17 000 kg/hm²。初花期干物质中含粗蛋白质19.29%，中性洗涤纤维37.06%，酸性洗涤纤维29.45%，消化率65.96%。适口性好，各种家畜喜食。

基础原种　保存于荷兰百绿种子集团公司。

适应地区　我国华北大部分地区及西北、华中部分地区。

游客紫花苜蓿

Medicago sativa L. cv. Eureka

品种登记号　323

草种名称　紫花苜蓿

品种名称　游客

登记日期　2006年12月13日

申报者　江西省畜牧技术推广站、百绿（天津）国际草业有限公司。欧阳延生、陈谷、李翔宏、于徐根、叶华。

品种来源　由澳大利亚南澳研究与发展中心（SARDI）1994年育成并登记。2000年由百绿（天津）国际草业有限公司引进。

形态特征　豆科多年生草本。多分枝，株高100cm左右。根系发达，入土深，主根粗长呈圆锥形，侧根多根瘤。茎直立光滑。三出复叶，叶片卵圆形或椭圆形。总状花序，花紫色或深紫色。荚果螺旋形，种子肾形，黄褐色，千粒重2.2g。

生物学特性　具有耐热性好，抗病和抗虫能力强的特点，在我国南方可安全越夏。引进中国后，在江西、上海、江苏和云南等省市的区域试验和生产试验中以 WL－323HQ、淮阴苜蓿为对照，游客紫花苜蓿干草产量15 000～22 500kg/hm^2，均高于对照品种。营养丰富，现蕾前期干草的粗蛋白质含量达 23.80%，总的可消化能为 11.76MJ/kg，总的可消化物质占 61%～75%。适口性好，各种家畜均喜食。

基础原种 由澳大利亚南澳研究与发展中心保存。

适应地区 长江中下游丘陵地区。

甘农 4 号紫花苜蓿

Medicago sativa L. cv. Gannong No. 4

品种登记号 310

草种名称 紫花苜蓿

品种名称 甘农 4 号

登记日期 2005 年 11 月 27 日

育种者 甘肃农业大学、甘肃创绿草业科技有限公司。曹致中、席亚丽、刘云芬、徐智明、周玉雷。

品种来源 从 6 个欧洲苜蓿品种的 5 万个单株穴播田中选出。

育种方法 从欧洲引进的安达瓦（Ondava）、普列洛夫卡（Prerovaka）、尼特拉卡（Nitranka）、塔保尔卡（Taborka）、巴拉瓦（Palava）、霍廷尼科（Hodonika）等 6 个品种中选择多个优良单株，经母系选择法选育而成。

形态特征 多年生草本。主根明显。株型紧凑直立，茎枝多。叶色嫩绿，叶片稍大。总状花序，长 5～8cm，花紫色。荚果为螺旋状，2～4 圈，黄褐色和黑褐色，荚果有种子 6～9 粒。种子肾形，黄色，千粒重 2.2g。

生物学特性　节间长，生长速度快，草层较整齐。在灌溉条件下产草量高。表现为抗寒性和抗旱性中等，春季返青早，生长速度较快，适宜灌区高产栽培。和甘农 3 号相比，生态适应性更强一些。初花期干物质中含粗蛋白质 19.79%，粗脂肪 2.79%，粗纤维 30.26%，无氮浸出物 39.38%，粗灰分 7.78%。在甘肃河西走廊灌溉条件下，年可刈割 3～4 次，干草产量达 15 000kg/hm^2。适宜于调制干草、青饲和放牧。

基础原种　由甘肃农业大学保存。

适应地区　西北内陆灌溉农业区和黄土高原地区。

金皇后紫花苜蓿

Medicago sativa L. cv. Golden Empress

品种登记号　251

草种名称　紫花苜蓿

品种名称　金皇后

登记日期　2003 年 12 月 7 日

申报者　北京克劳沃草业技术开发中心、北京格拉斯草业技术研究所。刘自学、苏爱莲、张世君、杨桦、牟新待。

品种来源　1998 年从美国引进。

形态特征　豆科多年生草本植物。株型直立，株高 102cm。叶为三出复叶，有 30%左右的植株有多叶现象（即复叶有小叶 4 片以上）。总状花序，长 3.83cm，花紫色。荚果螺旋形，每荚平均有种子 9.5 粒。种子肾形，淡黄褐色，千粒重 2.24g。

生物学特性 生育期 120 天左右。生长速度快，第一茬产量高。再生性好，刈后生长迅速。抗寒耐旱性较好，综合抗病性较强，适应性强。在北京、河北石家庄、甘肃张掖、新疆乌鲁木齐等地种植，年均干草产量为 18 000～20 000 kg/hm^2。种子产量 450～600kg/hm^2。初花期干物质中含粗蛋白质 22.79%，粗脂肪 3.41%，粗纤维 28.42%，无氮浸出物 36.18%，粗灰分 9.20%。适口性好，各种家畜喜食。

基础原种 保存于美国。

适应地区 我国北方有灌溉条件的干旱、半干旱地区。

皇冠紫花苜蓿

Medicago sativa L. cv. Phabulous

品种登记号 271

草种名称 紫花苜蓿

品种名称 皇冠

登记日期 2004 年 12 月 8 日

申报者 北京克劳沃草业技术开发中心、北京格拉斯草业技术研究所。刘自学、苏爱莲、王继朋、王海亭、刘艺杉。

品种来源 北京克劳沃草业技术开发中心从 Ag-vision 公司引进。原品种由 Forage Genetics，Inc. 育成。

形态特征 豆科多年生草本植物。株型直立，自然株高 98cm。分枝多、单株分枝达 66.4 个。属多叶型苜蓿品种，多叶度达 85%（复叶小叶数 5～7 片），叶片较大，距地面

30～40cm 高草层内小叶平均长 2.77cm，宽 1.38cm。总状花序，花冠紫色。荚果螺旋形，每荚平均有种子 11.9 粒。种子不规则肾形，千粒重 2.1～2.3g。

生物学特性 生育期 120 天左右。抗寒、抗旱性较好，秋眠级为 4.1，再生性好，综合抗病性较强。刈割后生长快，在北京、河北、河南、山东、甘肃等地种植均表现出良好生产性能。在河北石家庄、甘肃张掖、新疆乌鲁木齐市等地种植，年均干草产量为 19 000～20 000kg/hm^2。初花期干物质中含粗蛋白质 24.13%，粗脂肪 2.42%，粗纤维 31.19%，无氮浸出物 30.69%，粗灰分 11.57%，适口性好，各种家畜喜食。

基础原种 保存于加拿大。

适应地区 华北、西北、东北地区南部，华中及东北等地区。

三得利紫花苜蓿

Medicago sativa L. cv. Sanditi

品种登记号 247

草种名称 紫花苜蓿

品种名称 三得利

登记日期 2002 年 12 月 11 日

申报者 百绿（天津）国际草业有限公司。陈谷、曹致中、柳小妮、白原生、王彦荣。

品种来源 1998 年由百绿公司引入中国。原品种是荷兰百绿公司在法国南部育种站选育而成，它的亲本材料包括

6个品系，全部为弗拉芒德型（Flamamde）苜蓿，1995年在法国登记注册。

形态特征 豆科多年生草本植物。根系发达，主根粗长呈圆锥形，入土很深，侧根着生根瘤多。株高100cm左右，茎直立光滑，多分枝。三出复叶，小叶卵圆形或椭圆形。总状花序，从叶腋生出，花冠蝶形，花紫色或深紫色。荚果螺旋形，成熟时深褐色。种子肾形，黄色，千粒重2.2g。

生物学特性 抗倒伏和抗茎线虫能力较强，抗寒。生育期约100天。丰产性和再生性好，刈割后生长迅速，夏秋季生长旺盛，年可刈割3～4次，在山西、甘肃、新疆等地种植，年均干草产量为12 500～17 000kg/hm^2。初花期干物质中含粗蛋白质19.4%～21%。适口性好，各种家畜喜食。

基础原种 保存于荷兰百绿种子集团公司。

适应地区 我国华北大部分地区及西北、华中部分地区。

赛特紫花苜蓿

Medicago sativa L. cv. Sitel

品种登记号 254

草种名称 紫花苜蓿

品种名称 赛特

登记日期 2003年12月7日

申报者 百绿（天津）国际草业有限公司。陈谷、曹致中、房丽宁、冯毓琴、董其军。

品种来源 赛特紫花苜蓿由荷兰百绿集团公司法国育种站以法国北部古老的地方苜蓿群体为原始材料选育而成，

1980年在法国首先登记注册。1998年由荷兰百绿集团中国代表处引进。

形态特征　豆科多年生草本植物。株型直立，株高100cm左右。根系发达，主根呈圆锥形。茎直立而光滑。三出复叶，小叶卵圆形或椭圆形。总状花序，花浅紫、紫或深紫色。荚果螺旋形，成熟时深褐色。种子肾形，黄色，千粒重1.8～2.3g。

生物学特性　适应性、持久性及丰产性好，抗倒伏，抗黄萎病和茎线虫病的能力强。生长速度快，在良好的栽培条件下增产潜力大，年可刈割3～4次，生育期110天，秋眠级4.2。在甘肃、北京、河北等地种植，年均干草产量为13 000～19 000 kg/hm^2。初花期干物质中含粗蛋白质20.94%，中性洗涤纤维40.54%，酸性洗涤纤维27.76%。叶量大，茎秆较细，适口性好，各种家畜喜食。

基础原种　保存于荷兰百绿种子集团公司。

适应地区　我国华北大部分地区，西北地区东部、新疆部分地区。

维克多紫花苜蓿

Medicago sativa L. cv. Vector

品种登记号　252

草种名称　紫花苜蓿

品种名称　维克多

登记日期　2003年12月7日

申报者　中国农业大学。周禾、胡跃高、韩建国、王堃、戎郁萍。

品种来源 1999年从加拿大Peterson种子公司引进。

形态特征 豆科多年生草本植物。株高90～110cm，茎直立，被疏茸毛。三出复叶，叶片较大，叶色浓绿。总状花序，生于叶腋，花为紫色和蓝紫色。荚果螺旋形，内有种子4～8粒。种子肾形，光滑，黄褐色，千粒重1.8～2.0g。

生物学特性 抗旱、抗病虫、较耐热，生长快，再生性好，产量较高。在河北省南皮县的生育期约90天。在华北、华中地区每年可刈割3～4次，产量稳定，在河北、北京、江苏等地种植，年均干草产量为13 000～14 000kg/hm^2。初花期风干物中含粗蛋白质18.01%，粗纤维23.87%，粗脂肪1.82%。适口性好，各种家畜喜食。

基础原种 保存于加拿大Peterson种子公司。

适应地区 华北、华中地区。

维多利亚紫花苜蓿

Medicago sativa L. cv. Victoria

品种登记号 270

草种名称 紫花苜蓿

品种名称 维多利亚

登记日期 2004年12月8日

申报者 北京克劳沃草业技术开发中心、北京格拉斯草业技术研究所。刘自学、苏爱莲、闫宝生、王莉莉、张新鹏。

品种来源 北京克劳沃草业技术开发中心从加拿大引进。原品种由加拿大Brett-Young公司育成。

形态特征　豆科多年生草本植物。茎秆直立，自然株高106cm。三出复叶，距地面30～40cm高草层内小叶长3.01cm，宽1.66cm。总状花序，主枝花序长3.12cm，花紫色。荚果螺旋形，每荚有种子8.6粒。种子不规则肾形，淡黄至黄褐色，千粒重2.1～2.3g。

生物学特性　在北京生育期120天左右。属中等抗寒品种，耐热性好，秋眠级为6.0，返青早，再生迅速，耐多次刈割，在江苏北部、湖北西北部、贵州六盘水市等地种植表现良好。在河北省石家庄市、新疆乌鲁木齐市种植，年均干草产量为20 000～22 000kg/hm^2。初花期干物质中含粗蛋白质21.45%，粗脂肪1.98%，粗纤维27.15%，无氮浸出物38.98%，粗灰分10.44%。适口性好，各种家畜喜食。

基础原种　由加拿大保存。

适应地区　华北、华中、苏北及西南部分地区。

WL232HQ紫花苜蓿

Medicago sativa L. cv. WL232HQ

品种登记号　274

草种名称　紫花苜蓿

品种名称　WL232HQ

登记日期　2004年12月8日

申报者　北京中种草业有限公司。浦心春、程霞。

品种来源　从美国国际牧草遗传公司引进。

形态特征　豆科多年生草本植物。株型直立，株高90～135cm。茎秆绿色。三出复叶，叶色深绿，部分叶片有多叶现象。总状花序，长 2.5～4.8cm，花紫色。荚果螺旋形。千粒重 2.23g。

生物学特性 生育期 120 天左右。抗寒性强，秋眠级为 2.2，在内蒙古通辽市越冬率为 92%，与敖汉苜蓿相当，单株分枝数和株高高于敖汉苜蓿，产草量高于敖汉苜蓿 49%。刈割后恢复生长迅速，长势好，再生性强。综合抗病性好。在土壤黏重、排水不良的土壤上比其他品种表现优良。在辽宁省锦州市、河北省沧州市、保定市、承德市、吴桥县，内蒙古通辽市、山西省大同市、阳高县，新疆呼图壁县、本垒县等地的中等肥力、灌溉条件下种植，年均干草产量为 15 000～17 000 kg/hm^2。在北京年刈割 4 次。初花期干物质中含粗蛋白质 22.18%，粗脂肪 2.52%，中性洗涤纤维 49.58%，酸性洗涤纤维 35.33%。秆纤细，适口性好，各种家畜喜食。

基础原种 由美国国际牧草遗传公司保存。

适应地区 我国北方干旱、半干旱地区。

WL323ML 紫花苜蓿

Medicago sativa L. cv. WL323ML

品种登记号 273

草种名称 紫花苜蓿

品种名称 WL323ML

登记日期 2004 年 12 月 8 日

申报者 北京中种草业有限公司。浦心春、程霞。

品种来源 从美国国际牧草遗传公司引进。

形态特征　豆科多年生草本植物。株型直立，株高94～165cm。茎秆绿色。叶片深绿色，为多叶型品种，每个复叶有小叶3～7片，其中5片小叶以上的复叶占80%。总状花序，花序长2.5～4.6cm，花紫色。荚果螺旋形，2～4圈。种子不规则肾形，浅黄至黄褐色，千粒重2.25g。

生物学特性　生育期约115天。抗寒，春季返青早，秋眠级为4.1，生长快，再生性和持久性好，综合抗病性强，在有灌溉条件、中等肥力的土地上表现出良好的丰产性能。在河北省吴桥县、河南省郑州市、南阳市、山东省滨州市、东营市等地种植，年均干草产量为20 000～23 000 kg/hm²。初花期干物质中含粗蛋白质20.49%，粗脂肪2.31%，中性洗涤纤维47.52%，酸性洗涤纤维34.51%。适口性好，各种家畜喜食。

基础原种　由美国国际牧草遗传公司保存。

适应地区　河北、河南、山东和山西等省。

中苜2号紫花苜蓿

Medicago sativa L. cv. Zhongmu No. 2

品种登记号　255

草种名称　紫花苜蓿

品种名称　中苜2号

登记日期　2003年12月7日

育种者　中国农业科学院北京畜牧兽医研究所。杨青川、郭文山、孙彦、张文淑、康俊梅。

品种来源　以101份国内外苜蓿品种、种质资源为原始材料，选择没有明显主根，分枝根或侧根强大，叶片大、分枝多、植株较高的优良单株相互杂交，完成第一次混合选择形成 RS 苜蓿，而后又对其进行三代混合选择育成。

育种方法 混合选择法。

形态特征 豆科多年生草本植物。株型直立。无明显主根，侧根发达的植株占 30%以上。株高 80～110cm，分枝较多。叶色深绿，叶片较大。总状花序，花浅紫色到紫色。荚果 2～4 圈螺旋形。种子肾形，黄色或棕黄色，千粒重 1.8～2.0g。

生物学特性 因侧根发达，有利于改善根的呼吸状况及根瘤菌活动，较耐质地湿重、地下水位较高的土壤。在北京、河北省南皮县，生育期 100 天左右。长势好，刈割后再生性好，每年可刈割 4 次。耐寒及抗病虫较好，耐瘠性好。在华北平原，黄淮海地区种植，年均干草产量为 14 000～16 000kg/hm^2。种子产量为 360kg/hm^2。初花期干物质中含粗蛋白质 19.79%，粗脂肪 1.87%，粗纤维 32.54%，无氮浸出物 36.15%，粗灰分 9.65%，钙 1.76%，磷 0.26%。适口性好，各种家畜喜食。

基础原种 保存于中国农业科学院北京畜牧兽医研究所。

适应地区 黄淮海平原非盐碱地及华北平原相类似地区。

中苜 3 号紫花苜蓿

Medicago sativa L. cv. Zhongmu No. 3

品种登记号 321

草种名称　紫花苜蓿

品种名称　中苜 3 号

登记日期　2006 年 12 月 13 日

育种者　中国农业科学院北京畜牧兽医研究所。杨青川、侯向阳、郭文山、康俊梅、张文淑。

品种来源　亲本材料为中苜 1 号苜蓿。

育种方法　以耐盐苜蓿品种中苜 1 号为亲本材料，通过盐碱地表型选择，得到 102 个耐盐优株，经耐盐性一般配合力的测定，将其中耐盐性一般配合力较高的植株相互杂交，完成第一次轮回选择。然后又经过二次轮回选择，一次混合选择育成。

形态特征　多年生草本。株型直立，分枝较多，株高 80～110cm。直根系，根系发达。叶片较大，叶色深。总状花序，花紫色到浅紫色。荚果螺旋形 2～3 圈，种子肾形，黄色或棕黄色，千粒重 1.8～2.0g。

生物学特性　返青早，再生速度快，较早熟，在河北黄骅地区从返青到种子成熟约 110 天。耐盐性好，在含盐量为 0.18%～0.39% 的盐碱地上，比中苜 1 号紫花苜蓿增产 10%以上。产量高，在黄淮海地区干草产量平均达15 000 kg/hm^2，种子产量可达 $330kg/hm^2$。营养丰富，初花期干物质中含粗蛋白质 19.70%，粗脂肪 1.91%，粗纤维 32.44%，无氮浸出物 36.31%，粗灰分 9.64%。可用于调制干草、青饲和放牧。

基础原种　由中国农业科学院北京畜牧兽医研究所保存。

适应地区 黄淮海地区轻度、中度盐碱地。

龙牧 806 苜蓿

Medicago sativa L. × *Meliloides ruthenica* (L.) Sojak. cv. Longmu 806

品种登记号 244

草种名称 苜蓿

品种名称 龙牧 806

登记日期 2002 年 12 月 11 日

育种者 黑龙江省畜牧研究所。李红、王玉林、罗新义、柴凤久、车启华。

品种来源 从 1991 年开始以肇东苜蓿与扁蓿豆远缘杂交的 F_3 代群体为育种材料，根据越冬率、产草量、粗蛋白质含量等选育目标，经系统选育而成。

育种方法 系统选育法。

形态特征 豆科多年生草本植物。株型直立，株高75～110cm。叶卵圆形，长 2～3cm，叶缘有锯齿。总状花序，花深紫色。荚果螺旋状，2～3 圈，每荚有种子 4～8 粒。种子浅黄色，肾形，千粒重 2.2g。

生物学特性 生育期 100～120 天。抗寒，在黑龙江省北部寒冷区和西部半干旱区－45℃以下越冬率可达 92%～100%，比对照高 5～11 个百分点。在 0～60cm 土层含水量为 7.0%～9.7%、低于正常需水量 30%的情况下，日生长速度比对照提高 21.6%。耐盐碱性能强，在 pH8.2 的碱性土壤上亦可种植。生长期间无病虫害发生。1999—2001 年在黑龙江省不同生态区生产试验中，三年平均干草产量7 500～11 218.5kg/hm^2。种子产量347kg/hm^2。初花期干物质中含粗蛋白质20.71%，粗脂肪2.42%，粗纤维29.47%，无氮浸出物37.73%，粗灰分9.67%。适口性好，各种家畜喜食。

基础原种　保存于黑龙江省畜牧研究所。

适应地区　东北寒冷气候区、西部半干旱区及盐碱土区均可种植。亦可在我国西北、华北以及内蒙古等地种植。

阿尔冈金杂花苜蓿

Medicago varia Martin. cv. Algonquin

品种登记号　309

草种名称　杂花苜蓿

品种名称　阿尔冈金

登记日期　2005年11月27日

申报者　北京克劳沃草业技术开发中心、北京格拉斯草业技术研究所。刘自学、苏爱莲、杨桦、刘艺杉。

品种来源　从加拿大引进。原品种为杂种苜蓿与罗佐马苜蓿回交第3次的后代中选出的抗枯萎病的16个无性系组成的综合品种。由Agriculture Canada，Oltawa，Ontario育成。

形态特征　多年生草本植物。根系较深。茎秆直立，株高约105cm。叶为羽状三出复叶，小叶长2.56cm，宽1.38cm；托叶披针形，全缘或稍具齿裂。总状花序，主枝花序长3.4cm；花萼钟形，具毛；花冠大部分紫色，部分为淡紫色。荚果螺旋形，每荚含有种子 9.2 粒；种子呈肾形或宽椭圆形，长 2～3mm，宽 1.2～1.8mm，厚 0.7～1.1mm。种子黄色到浅褐色，千粒重约 2.3g。

生物学特性　较抗旱。茎秆较粗、抗倒伏。秋眠级为 2～3，耐寒越冬能力强。综合抗病性强，尤其高抗细菌性萎蔫病，对苜蓿主要虫害的抗性较强。耐土壤瘠薄、耐盐碱，适应性广，持久性好，利用年限长。叶量丰富，营养价值高，初花期干物质中含粗蛋白质 21.70%，粗脂肪 2.08%，粗纤维 27.61%，无氮浸出物 38.65%，粗灰分 9.96%。在河北、新疆、甘肃等地种植，年可刈割 3～4 次，干草产量达 17 000kg/hm^2。适宜于调制干草、青饲和放牧。

基础原种　由加拿大保存。

适应地区　我国西北、华北、中原、苏北以及东北南部。

草原 3 号杂花苜蓿

Medicago varia Martin. cv. Caoyuan No. 3

品种登记号　243

草种名称　杂花苜蓿

品种名称　草原 3 号

登记日期　2002 年 12 月 11 日

育种者　内蒙古农业大学、内蒙古乌拉特草籽场。云锦凤、董志魁、米福贵、云岚、王桂花。

品种来源　草原 3 号杂花苜蓿是内蒙古农业大学于 1992 年在草原 2 号杂花苜蓿原始群体中，依花色（杂种紫花、杂种杂花、杂种黄花）选择优株，采用集团选择法育成。

育种方法 集团选育法。

形态特征 豆科多年生草本植物。株型直立或半直立，株高 110cm 左右，平均分枝数 46.5 个。三出复叶，小叶长 2.85cm，宽 1.34cm。总状花序，花色有深紫色、淡紫色、杂色、浅黄、深黄色等，其中以杂色为主，杂花率为 71.9%。荚果螺旋形或环形，少数镰形，每荚含种子 4.5 粒。种子为不规则肾形，浅黄色至黄褐色，千粒重 1.99g。

生物学特性 与原始群体相比杂种优势明显，干草和种子产量高，在内蒙古中西部地区种植生长良好，年均干草产量为 12 330 kg/hm^2，种子产量 510kg/hm^2。生育期约 120 天，抗旱、抗寒性强。饲草品质好，初花期干物质中含粗蛋白质 20.42%，粗脂肪 3.61%，粗纤维 25.00%，无氮浸出物 40.52%，粗灰分 10.45%。适口性好，各种家畜喜食。

基础原种 由内蒙古农业大学保存。

适应地区 我国北方寒冷干旱、半干旱地区。在内蒙古东部及黑龙江省的寒冷地区均可安全越冬。

赤草 1 号杂花苜蓿

Medicago varia Martin cv. Chicao No. 1

品种登记号 322

草种名称 杂花苜蓿

品种名称 赤草 1 号

登记日期 2006 年 12 月 13 日

育种者 赤峰润绿生态草业技术开发研究所、赤峰市草原工作站。王润泉、刘国荣、赵淑芬、王霄龙、魏君泽。

品种来源 以内蒙古赤峰野生黄花苜蓿为母本，敖汉紫花苜蓿为父本杂交选育而成。

育种方法 采用内蒙古赤峰野生黄花苜蓿与地方品种敖汉紫花苜蓿在隔离区内进行天然杂交，杂交后代以杂花、抗寒、抗旱为选择目标，经过多年混合选择而成。

形态特征 豆科多年生草本植物。植株直立或半直立，株丛高 60～80cm。直根系，主根明显，入土深，根茎分枝能力强。三出复叶，叶片椭圆形或倒卵形，长 2.0～2.8cm，宽 0.8～1.5cm。总状花序，花冠有紫、绛紫、黄紫、黄、黄白等颜色。荚果螺旋形 1～2 圈，种子黄色，肾形或不典型肾形，千粒重 2.1g。

生物学特性 生育期 120～130 天。具有较强的抗寒性，受冻害后根茎下端或主根的上端能产生新芽，并形成枝条。具有较强的抗旱性，在年降水量 300～500mm 的地区，在旱作条件下干草产量 5 000～8 000kg/hm^2，种子产量 300～400kg/hm^2。初花期干物质中含粗蛋白质 21.73%，粗脂肪 2.23%，粗纤维 26.59%，无氮浸出物 41.59%，粗灰分 7.86%，钙 2.38%，磷 0.25%。既可用于人工草地建植，又可作为水土保持用草。

基础原种 由赤峰润绿生态草业技术开发研究所保存。

适应地区 我国北方降水量 300～500mm 的干旱和半干旱地区。

公农 3 号苜蓿

Medicago varia Martin. cv. Gongnong No. 3

品种登记号　207

草种名称　苜蓿

品种名称　公农 3 号

登记日期　1999 年 11 月 29 日

育种者　吉林省农业科学院畜牧分院草地研究所。吴义顺、洪绂曾、白永和、夏彤、程渡。

品种来源　以阿尔冈金（Algonguin）、海恩里奇思（Heinrichs）、兰杰兰德（Rengclander）、斯普里德（Spreador）、公农 1 号五个品种为原始材料经杂交选育而成。

育种方法　以阿尔冈金等五个苜蓿为原始材料，选择具有根蘖的优良单株，建立无性系、多元杂交圃，经一般配合力测定后，组配成的综合种。

形态特征　多年生草本，株高 50～100cm，多分枝。主根发育不明显，具有大量水平根，由水平根可发生不定枝条，即根蘖枝条，根蘖率为 30%～50%，是一个放牧型苜蓿品种。三出复叶，小叶倒卵形，上部叶缘有锯齿，两面有白色长柔毛。总状花序腋生，花有紫、黄、白等色。荚果螺旋形，种子肾形，浅黄色，千粒重 2.18g。

生物学特性　抗寒，在北纬 46°以南、海拔 200m 地区越冬率 80%以上；较耐旱，在年降水量 350～500mm 地区不需灌溉。春季返青早，生长旺盛。收草宜在初花期刈割，放牧利用可适当提前。初花期干物质中含粗蛋白质

18.34%，粗脂肪 2.57%，粗纤维 29.62%，无氮浸出物 39.64%，粗灰分 9.83%。

基础原种 由吉林省农业科学院畜牧分院草地研究所保存。

适应地区 东北、西北、华北北纬 46°以南、年降水量 350～550mm 的地区。

草木樨属 *Melilotus* Adans.

斯列金 1 号黄花草木樨

Melilotus officinalis（L.）Desr. cv. Siliejin No. 1

品种登记号 312

草种名称 黄花草木樨

品种名称 斯列金 1 号

登记日期 2005 年 11 月 27 日

申报者 吉林大学。林年丰、汤洁。

品种来源 引自俄罗斯，原品种名为 Сретенский 1。

形态特征 二年生草本。根系发达，根系主要分布在 30～50cm 的土层内。茎直立，多分支，株高 1.6m。三出复叶，小叶 3 片，椭圆形至窄倒披针形，先端钝圆，基部楔形，边缘有锯齿，两面无毛。总状花序腋生，萼钟状，萼齿三角形，花冠黄色。荚果椭圆状球形，稍有毛，具明显的网脉纹，内含 1～2 粒种子。种子长圆形，黄褐色，千粒重 2.68g。

生物学特性 植株高大，枝叶繁茂、可抗御暴雨的冲刷和地表径流对土地的侵蚀，水土保持效果良好。具有耐寒、抗旱、耐盐碱、耐瘠、防风沙等优良特性。在年降水量 250～500mm 的地区，无灌溉的条件下，可以正常生长。营养生长期干物质中含粗蛋白质 17.88%，粗纤维 32.06%，干草产量为 3 000～5 000kg/hm^2。适宜于饲用和作为保持水土植物利用。

基础原种 由俄罗斯保存。

适应地区 我国北方年降水量 250～500mm 的地区。

葛属 *Pueraria* DC.

赣饲 5 号葛

Pueraria lobata (Willd) Ohwi. cv. Gansi No. 5

品种登记号 218

草种名称 葛

品种名称 赣饲 5 号

登记日期 2000 年 12 月 25 日

申报者 江西省饲料科学研究所。周泽敏。

品种来源 1981—1984 年在江西弋阳、吉安、乐平、横峰、东乡等地收集野葛种质资源。

育种方法 利用葛的有利芽变，通过系统选育，定向培育的方法育成。

形态特征 多年生草质藤本植物。块根纺锤形，表皮淡黄色，光滑，富含淀粉，粗纤维少，易折断。茎长达 10m，匍匐地表，茎节着地生根，或攀援它物，或互相缠绕，表皮绿色，幼嫩茎有毛，轻度木质化，有白色髓质，干枯的茎中空。羽状三出复叶，顶生小叶三浅裂，或全缘，菱状宽卵形，先端渐尖，基部圆形，长 12～23cm，宽 11～22cm。侧生二小叶扁斜形，有时波状浅裂，叶色浓绿，质厚，两面无毛，或被短柔毛。总状花序腋生，长 3～20cm，花稀疏。花萼齿 5 枚，上面 2 齿合生，下面一齿较长（1.6～2.1cm）。花冠蝶形，紫红色。子房线形，被短柔毛。极少开花，不结实。

生物学特性 喜高温、潮湿和阳光充足的气候。对土壤选择不严，在酸性红壤、黄壤、花岗岩砾土、沙砾土、紫色土和石灰岩溶洞地区均能生长，但以在有机质丰富、潮湿、排水良好的沙壤土上生长良好。不耐水淹，在田间积水的地里易烂根。高产优质。在较好的栽培管理条件下，年均鲜块根产量约为 22 500kg/hm^2，块根风干物 8 400kg/hm^2。鲜茎叶产量 52 500kg/hm^2，干草产量 11 250kg/hm^2。初秋采集的叶片干物质中含粗蛋白质 27.18%，粗脂肪 4.47%，粗纤维 18.05%，无氮浸出物 39.42%，粗灰分 10.78%。块根味甜，富含淀粉，粗纤维少，出粉率高。块根可加工成能量饲料、食品和药材。叶片两面无毛，畜禽喜食，不产生臌胀病。生长速度快，覆盖率高，竞争性强。3 月中下旬栽培，6 月底至 7 月中旬全部覆盖地面，防止水土流失的效果十分显著。由于开花极少，不结实，可采用茎段进行无性繁殖。

基础原种 由江西省饲料科学研究所保存。

适应地区 适应在秦岭至黄河以南的江西、湖南、湖北、四川、云南、广西、广东、海南、福建和河南、河北、山东等省（区）栽培。

热研17号爪哇葛藤

Pueraria phaseoloides（Roxb.）Benth. cv. Reyan No. 17

品种登记号 326

草种名称 爪哇葛藤

品种名称 热研17号

登记日期 2006年12月13日

申报者 中国热带农业科学院热带作物品种资源研究所。白昌军、刘国道、何华玄、王文强、李志丹。

品种来源 该品种原产印尼爪哇，1958年由原华南农垦局从印尼首次引入，1983年中国热带农业科学院从澳大利亚再次引入。

形态特征 多年生豆科藤本植物。根深2～4m。主茎长达10m，全株有毛。叶为羽状复叶，有小叶3片，顶生小叶卵形、菱形或近圆形，长6～20cm，宽6～15cm。总状花序，腋生，长15～20cm，花紫色。荚果线形或圆柱形，含种子10～20粒，种子棕色，长约3mm，宽约2mm。千粒重12g。

生物学特性 适应性广，抗逆性强，喜潮湿的热带气候。耐涝、较耐旱，耐荫，可耐60%遮荫，适合在幼龄林、橡胶园、果园间作，可形成40～60cm厚的覆盖层，有利于保持水土。耐重黏质和酸瘦土壤，能在pH4.5～5.0的强酸性土壤和贫瘠的砂质土壤上良好生长。产量高，干草产量可达4 600kg/hm^2。可用种子和插条繁殖。茎叶幼嫩，适口性好，营养价值高，营养生长期干物质中含粗蛋白质19.26%，粗脂肪1.29%，粗纤维35.75%，无氮浸出物36.04%，粗灰分7.66%，钙1.38%，磷0.17%。

基础原种 由中国热带农业科学院热带作物品种资源研究所保存。

适应地区 我国年降水量1 200mm以上的潮湿热带地区。

柱花草属 *Stylosanthes* Swantz.

热研5号柱花草

Stylosanthes guianensis Sw. cv. Reyan No. 5

品种登记号 206

草种名称 圭亚那柱花草

品种名称 热研5号

登记日期 1999年11月29日

育种者 中国热带农业科学院热带牧草研究中心。刘国道、白昌军、何华玄、王东劲、周家锁。

品种来源 从CIAT184柱花草群体中选择早花、耐寒单株，经系统选育而成。

育种方法 系统选育法。

形态特征 多年生直立草本，株高130～180cm，多分枝。三出复叶，小叶披针形，中间小叶较大，长2.1～2.8cm，宽0.4～0.6cm。复穗状花序顶生，花黄色，每花序有小花4～6朵。荚果小，褐色，内含种子一粒，种子肾形，黑色，千粒重2～2.2g。

生物学特性　耐酸性瘦土，在pH4.5左右的强酸性土壤上能茂盛生长。耐寒，在海南冬季5～10℃低温下保持青绿。开花早，在海南省南部开花比热研2号柱花草提早约30天。9月底开花，11月底种子成熟，种子产量343.5kg/hm^2，比热研2号柱花草提高48.7%。每年可刈割3～4次，鲜草产量37 000～55 000kg/hm^2。可青饲或晒制干草，是冬季畜禽的青饲料。开花期干物质中含粗蛋白质16.71%，粗脂肪2.22%，粗纤维28.43%，无氮浸出物46.66%，粗灰分5.98%。

基础原种　由中国热带农业科学院热带牧草研究中心保存。

适应地区　我国热带、南亚热带地区。

热研7号柱花草

Stylosanthes guianensis Sw. cv. Reyan No. 7

品种登记号　226

草种名称　圭亚那柱花草

品种名称　热研7号

登记日期　2001年12月22日

申报者　中国热带农业科学院热带牧草研究中心。蒋昌顺、刘国道、何华玄、韦家少、蒋侯明。

品种来源　1982年从国际热带农业中心（CIAT）引进，编号为CIAT136。

形态特征　豆科多年生直立草本植物。株高140～

180cm，冠幅 100～150cm，多分枝。羽状三出复叶，小叶长椭圆形，中间叶较大，长 2.5～3.0cm，宽 0.5～0.7cm，两侧小叶较小，长 1.0～1.4cm，宽 0.4～0.6cm，茎、枝、叶均被有茸毛。自花授粉，复穗状花序顶生，有小花 4～6 朵，花黄色。荚果小，浅褐色，内含种子 1 粒。种子肾形，浅黑色，千粒重 2.0～2.3g。

生物学特性 喜湿润热带气候，耐酸性瘦土，在海南岛冬季仍保持青绿，抗炭疽病能力强。开花迟，次年 2～3 月种子成熟，属晚熟品种。生长旺盛，产量高，种植当年可刈割 1～2 次，次年可刈割 3～4 次，年均鲜草产量为43 000 kg/hm^2。种子产量 360～480kg/hm^2。开花期干物质中含粗蛋白质 16.86%，粗脂肪 2.65%，粗纤维 32.47%，无氮浸出物 41.72%，粗灰分 6.30%。用作青饲或调制干草，是畜禽的优质饲料。

基础原种 由中国热带农业科学院热带牧草研究中心保存。

适应地区 我国热带、南亚热带地区。

热研 10 号柱花草

Stylosanthes guianenisis Sw. cv. Reyan No. 10

品种登记号 217

草种名称 圭亚那柱花草

品种名称 热研 10 号

登记日期 2000 年 12 月 25 日

申报者 中国热带农业科学院热带牧草研究中心。何华玄、白昌军、蒋昌顺、刘国道、易克贤。

品种来源　1982年从国际热带农业中心（CIAT）引入的编号为“CIAT1283”柱花草材料。

形态特征　多年生直立草本，株高100～130cm，分枝数中等。羽状三出复叶，小叶长梭形、倒披针形及纺锤形，中间小叶较大，长3.3～4.5cm，宽0.5～0.7cm，两侧小叶较小，长2.5～3.5cm，宽0.4～0.6cm。茎、枝、叶被小茸毛，但无刚毛。复穗状花序顶生，每个花序具小花4～6朵，蝶形花冠，黄色。荚果小，深褐色，内含种子1粒，种子肾形，浅褐色，千粒重2.93～3.21g。

生物学特性　喜湿润的热带气候，适于我国热带、南亚热带地区种植。耐干旱，耐酸性贫瘠土，耐寒，在海南冬季仍保持青绿。开花迟，较晚熟，在儋州市11月底至翌年2月种子成熟。开花期干物质中含粗蛋白质17.83%，粗脂肪2.70%，粗纤维32.01%，无氮浸出物40.39%，粗灰分7.07%。鲜草产量为30 000～33 000kg/hm^2。可作为我国的热带、南亚热带地区禽畜青饲料，在干草粉生产、果园间作覆盖及绿肥作物、放牧等方面推广应用。

基础原种　由中国热带农业科学院热带牧草研究中心保存。

适应地区　我国热带、南亚热带地区。

热研13号柱花草

Stylosanthes guianensis Sw. cv. Reyan No. 13

品种登记号　257

草种名称 圭亚那柱花草

品种名称 热研13号

登记日期 2003年12月7日

申报者 中国热带农业科学院热带牧草研究中心。何华玄、白昌军、刘国道、王东劲、周汉林。

品种来源 1982年从国际热带农业中心（CIAT）引进，编号为CIAT1044。

形态特征 豆科多年生直立草本植物。株高100～130cm，冠幅110～220cm，分枝数中等。羽状三出复叶，小叶长梭形、倒披针形及纺锤形，中间小叶较大，长3.3～4.5cm，宽0.5～0.7cm；两侧小叶较小，长2.5～3.5cm，宽0.4～0.6cm。茎、枝、叶均被小茸毛。自花授粉，复穗状花序顶生，每花序具小花4～6朵，花米黄色。荚果小，内含种子1粒。种子肾形，褐色，千粒重2.9～3.2g。

生物学特性 喜湿润的热带气候，耐酸性瘦土，耐干旱，在海南岛冬季保持青绿。属晚熟品种，在海南岛儋州地区11月中旬始花，11月下旬盛花，12月初结荚，12月下旬至翌年2月种子成熟。其生长旺盛，产量高，种植当年可刈割1～2次，次年可刈割3～4次，年均鲜草产量36 000 kg/hm^2。开花期干物质中含粗蛋白质19.50%，粗脂肪2.41%，粗纤维30.05%，无氮浸出物41.59%，粗灰分6.45%。主要用作青饲或调制干草，畜禽均喜食。

基础原种 由中国热带农业科学院热带牧草研究中心保存。

适应地区 我国热带、南亚热带地区。

西卡柱花草

Stylosanthes scabra Vog. cv. Seca

品种登记号　225

草种名称　灌木状柱花草

品种名称　西卡

登记日期　2001 年 12 月 22 日

申报者　中国热带农业科学院热带牧草研究中心。白昌军、刘国道、何华玄、易克贤。

品种来源　1981 年从澳大利亚引进，原产于巴西东北部。

形态特征　多年生亚灌木状草本植物。其根系发达。茎直立或半直立，株高 130～150cm，基部茎粗 0.5～1.5cm，多分枝，被长或短刚毛，略带黏性。掌状三出复叶，小叶长椭圆形至倒披针形，顶端钝，具短尖，两面被毛，带黏性，中间小叶较大，长 1.5～2.1cm，宽 6～9mm；两侧小叶较小，长 1.3～1.5cm，宽 4～7mm。花序具无限分枝生长习性，密穗状花序顶生或腋生，花小，旗瓣橙黄色，间有棕色辐射状条纹，翼瓣和龙骨瓣浅黄色。荚果小，褐色，含种子 1 粒。种子肾形，黄色，具光泽，千粒重 3.16g。

生物学特性　喜湿润的热带气候，因根系发达而比较耐干旱。耐酸瘦土壤，在 pH4.0～4.5 的酸性土壤和滨海沙地种植可茂盛生长。耐火烧，火烧过后尽管地上部分大部分死亡，但植株基部或根部能很快抽芽生长，落地种子亦能在雨后发芽生长。耐牧、耐踩踏。抗柱花草炭疽病。

在海南岛可年刈割3～4次，年产鲜草15 000～18 000kg/hm^2。种子产量150～280kg/hm^2。营养生长期干物质中含粗蛋白质14.70%，粗脂肪2.87%，粗纤维39.20%，无氮浸出物37.37%，粗灰分5.86%。可与臂形草、大翼豆等混播建立改良草地或人工草地，适宜放牧，牛羊喜食。

基础原种 由澳大利亚CSIRO热带作物与牧草研究所保存。

适应地区 我国热带、南亚热带地区，在海南、广东、广西、云南等省区表现最优。

三叶草属 *Trifolium* L.

海法白三叶

Trifolium repens L. cv. Haifa

品种登记号 249

草种名称 白三叶

品种名称 海法

登记日期 2002年12月11日

申报者 云南省肉牛和牧草研究中心。奎嘉祥、胡汉傈、薛世明、周自玮、黄梅芬。

品种来源 1983年从澳大利亚引进，原品种育种材料来源于以色列东北部海法市附近，澳大利亚1971年登记。

形态特征 豆科多年生草本植物。主根较短，侧根和不定根发育旺盛。株丛基部分枝多，茎匍匐、多节。属中叶型品种，叶互生，植株大小与大叶型品种无差异，只是形成的草层比大叶型品种低，草层更密集，叶色较其他白三叶品种淡，而“V”形斑特别明显。头形总状花序，花冠蝶形，白色。荚果倒卵状长圆形，含种子 3～4 粒。种子细小，肾形、金黄色，千粒重 0.67g。

生物学特性 抗旱、耐牧、耐热、耐瘠薄，生态适应范围广，在云南中亚热带、北亚热带、暖温带、中温带均可种植。草质优良，与非洲狗尾草、东非狼尾草混播共生持久。生长年限长，产量稳定。在云南省昆明、丽江等地种植，年均干草产量为 2 000～3 000kg/hm^2。种子产量为 150～300kg/hm^2。结实期干物质中含粗蛋白质 24.50%，粗脂肪 2.23%，粗纤维 27.00%，无氮浸出物 36.61%，粗灰分 9.66%，适口性好。在海法白三叶比重较大的草场，放牧家畜要特别注意，以免采食过量引起臌胀病。

基础原种 在澳大利亚保存。

适应地区 最适宜云南北亚热带和中亚热带，海拔 1 400～3 000m，≥10℃ 年积温 1 500～5 500℃，年降水量 650～1 500mm 的广大地区种植。

沙弗蕾肯尼亚白三叶

Trifolium semipilosum Fres. var. *glabrescens* Gillet cv. Safari

品种登记号 250

草种名称 肯尼亚白三叶

品种名称 沙弗蕾

登记日期 2002年12月11日

申报者 云南省肉牛和牧草研究中心。周自玮、黄梅芬、吴维琼、奎嘉祥、匡崇义。

品种来源 1983年从澳大利亚引进。

形态特征 豆科多年生草本植物。主根发达，粗壮。匍匐茎可斜向上生长，茎节着地生根并长出新枝条。节、叶柄和半数的叶片有毛，1/3叶片沿中脉有一条纺锤形的白斑将中脉包在中间，明显区别于白三叶小叶上与中脉垂直的"V"型白斑。小叶3片，长卵圆形，叶缘、叶脉及中叶一侧、侧叶的背面均有丝状柔毛，长度较茎秆和花梗上的短。花梗较长，花序球形，含小花10～20朵，花白色、咖啡色或粉红色，异花授粉，自交结实率低。荚果长约5mm，宽近3mm，成熟时褐色，内含种子2～6粒。种子呈黄褐、浅橄榄或黑色，千粒重1～1.2g。

生物学特性 喜温暖湿润气候，抗旱、耐热、耐盐；但耐寒性和耐水淹能力不如白三叶，霜冻后再生缓慢。在pH5～7的酸性土壤上生长及结瘤情况比白三叶好。在云南昆明等地种植，一次刈割的干草产量为2 700～3 400kg/hm^2，种子产量190kg/hm^2。开花期干物质中含粗蛋白质17.59%，粗脂肪3.58%，粗纤维32.57%，无氮浸出物35.62%，粗灰分10.64%，草质优良，适口性好。与东非狼尾草、非洲狗尾草等混播共生持久，在该草所占比重较大的草地上放牧，家畜有发生臌胀病的危险，但发生几率比白三叶草地小。

基础原种 保存于澳大利亚。

适应地区　云南省海拔 1 000～2 500m，≥10℃的年积温 1 600～6 000℃，年降水 650～1 500mm 的广大地区，南方中亚热带到暖温带地区。

藜　　科

甜菜属 *Beta* L.

中饲甜 201 饲用甜菜

Beta vulgaris var. *macrorhiza* L. Zhongsitian No. 201

品种登记号　319

草种名称　饲用甜菜

品种名称　中饲甜 201

登记日期　2005 年 11 月 27 日

育种者　中国农业科学院甜菜研究所、黑龙江大学农学院。王红旗、李红侠、郭爱华、吴庆峰。

品种来源　中饲甜 201 饲用甜菜是由中国农业科学院甜菜研究所和黑龙江大学农学院合作，从 1995 年开始，以从乌克兰引进的饲用甜菜 P. 931 为母本和自育糖用甜菜品系 T211 为父本，进行杂交选育，经 4 个世代的轮回选择而成。

育种方法　杂交选育法。

形态特征　二年生草本植物，需两年才能完成整个生育周期，第一年营养生长，形成叶丛和块根，第二年生殖生长，抽薹开花结实。营养生长前期植株根部迅速膨大，并明显向地上部生长。收获期根形以圆柱形为主，根皮色以上部青绿下部橘黄为主，根体的 1/2 生长在地表上，易收获。地上部形态整齐，叶丛斜立，叶数和繁茂度中等，叶片舌形、绿色。穗状花序，有无限开花习性。小花 3～4 朵，簇生，两性。种子为聚合坚果、多胚，粗种子千粒重约为 24g。

生物学特性 抗逆性强、适应性广，尤其在半干旱、轻度盐碱地等低产田上利用效果明显。中抗甜菜褐斑病和根腐病，耐窖腐病。块根和茎叶产量可达 75 000～97 500 kg/hm^2。块根干物质率 12.01%，块根干物质中含粗蛋白质 8.80%～12.23%，粗纤维 14.10%～15.60%，粗脂肪 0.43%～0.60%，粗灰分 5.80%～8.53%，块根蔗糖含量 6.61%～9.13%（锤度）。适口性好，畜禽喜食，尤其适宜作为奶牛的多汁饲料。

基础原种 由中国农业科学院甜菜研究所保存。

适应地区 黑龙江、吉林、辽宁和内蒙古东部等地区。

驼绒藜属 *Ceratoides*（Tourn.）**Gagnep.**

伊犁心叶驼绒藜

Ceratoides ewersmanniana

（Stschegl. ex Losinsk.）Botsch. et Ikonn. cv. Yili

品种登记号 337

草种名称 心叶驼绒藜

品种名称 伊犁

登记日期 2006 年 12 月 13 日

申报者 新疆畜牧科学院草原研究所。李杜、付爱良、杨刚、郑晓红、贾广寿。

品种来源 从新疆伊犁新源县哈拉布拉地区荒漠草原采集的野生心叶驼绒藜，经多年栽培驯化而成。

形态特征 藜科驼绒藜属多年生半灌木。株高70～90cm，有分枝30～40枝，株丛高度50～70cm。直根系，三年生植株主根入土深超过3m。茎秆光滑，圆形。叶形大，浅灰色，长椭圆形，长25～40mm，宽10～20mm，叶急尖，叶基截形，中脉突出。花单生，雌雄同株，雄花数朵簇生于枝顶端，集聚成穗状花序，雌花1～2朵，腋生。果实椭圆形，两侧各有2束等长的柔毛，含有1粒种子，果实千粒重3.5g，种子千粒重2.1g。

生物学特性 耐旱，土壤含水率（0～60cm土层）年均9%～10%能正常生长。耐高温，夏季地面温度65℃未见灼伤。耐严寒，气温－35℃能安全越冬。耐盐碱，土壤pH8.0，总盐1.0%～2.0%时种子发芽正常，成株可在总盐含量为3%（0～10cm土层）时生长。生育期176～180天。适应性强。产草量高，在补充灌溉下，干草产量可达9 200kg/hm²，种子产量可达1 350kg/hm²。适口性好，分枝期干物质中含粗蛋白质16.20%，粗脂肪1.19%，粗纤维32.10%，无氮浸出物34.41%，粗灰分16.10%，钙1.19%，磷0.17%；结实期干物质中含粗蛋白质14.10%，粗脂肪2.08%，粗纤维34.00%，无氮浸出物41.04%，粗灰分8.78%，钙0.97%，磷0.14%。

基础原种 由新疆畜牧科学院草原研究所保存。

适应地区 在年降水量250～400mm的新疆荒漠草原区

用作草场改良补播用种，也可作为旱作人工草地和补充灌溉条件下建植高产人工草地的品种。

乌拉泊驼绒藜

Ceratoides latens（J. F. Gmel）Reveal et Holmgren cv. Wulabo

品种登记号 336

草种名称 驼绒藜

品种名称 乌拉泊

登记日期 2006 年 12 月 13 日

申报者 新疆畜牧科学院草原研究所。李柱、付爱良、杨刚、沙吾列、贾广寿。

品种来源 从新疆乌鲁木齐县乌拉泊地区平原荒漠草地采集的野生驼绒藜，经多年栽培驯化而成。

形态特征 藜科驼绒藜属多年生半灌木。植株较小，株高 40～70cm，有分枝 25～35 个，株丛高度 30～50cm。直根系，三年生植株主根入土深超过 4m。茎秆被密柔毛，茎秆圆形。叶形小，浅灰色，条形或披针形，中脉突出，长 20～30mm，宽 4～8mm。花单性，雌雄同株，雄花数朵成簇，集聚成穗状花序，雌花 1～2 朵腋生。果实椭圆形，两侧各有 2 束等长的长柔毛，含 1 粒种子，果实千粒重 3.40g，种子千粒重 2.10g。

生物学特性 耐旱，土壤含水率（0～60cm 土层）年均 7%～8%能正常生长。耐高温，夏季地面温度 70℃未见灼伤。耐严寒，气温 －35℃能安全越冬。耐盐碱，土壤 pH

8.0，总盐1.0%～3.0%时种子发芽正常，成株可在总盐含量为4%～5%（0～10cm土层）时生长。耐牧性好，防风固沙能力强。产草量高，叶量丰富，适口性好。在补充灌溉条件下，干草产量可达7 550kg/hm^2，种子产量900～1 300 kg/hm^2。分枝期干物质中含粗蛋白质15.70%，粗脂肪1.20%，粗纤维32.90%，无氮浸出物35.74%，粗灰分14.46%，钙1.19%，磷0.14%；结实期干物质中含粗蛋白质13.30%，粗脂肪1.96%，粗纤维36.50%，无氮浸出物39.46%，粗灰分8.78%，钙0.93%，磷0.12%。

基础原种 由新疆畜牧科学院草原研究所保存。

适应地区 在年降水量150～250mm的新疆荒漠草原区作为草场改良补播用种，也可在有补充灌溉条件下作为人工草地建植的品种。

十　字　花　科

芸苔属　*Brassica* L.

玉树芜根

Brassica rapa L. cv. Yushu

品种登记号　297

草种名称　芜根（又名芜菁）

品种名称　玉树

登记日期　2004年12月8日

申报者　青海省铁卜加草原改良试验站。杜玉红、韩志林、窦声云、颜红波、张洪军。

品种来源　青海省玉树地区栽培多年，目前仍有大面积种植。青海省铁卜加草原改良试验站1962年对其进行筛选、鉴定评价而成。

形态特征　十字花科芸苔属二年生草本植物。又名芜菁。种植第一年形成母根，翌年抽薹，开花，结实，完成整个生育周期。根上部膨大成块状，扁球形或略近球形，直径10～30cm。根皮白色，上半部呈紫色或红色。肉质纯白，味淡甜略带辛辣。块根顶部具短缩茎1～15个。基生叶匙形，长20～40cm，下部呈羽状深裂或全裂。叶缘波状，不整齐，叶片被茸毛或短刺毛。茎直立，株高 80～120cm，分枝多。茎生叶略小，上部叶呈阔披针形，全缘，常被白粉层。下部叶与基生叶相近。圆锥形总状花序，顶生，花黄色。长角果圆柱形，稍扁，长 3～6cm，先端具喙，有种子 20～30 粒；种子暗紫色或枣红色，千粒重 2～2.5g。

生物学特性 喜凉爽气候，耐寒性强，10cm 地温 3～5℃时种子可萌发出苗，幼苗期可耐－5～－3℃低温，整个生长期均能耐轻微霜冻，在青藏高原生长良好。经多年试验，其鲜根叶产量一般为 45 000～67 500kg/hm^2。块根干物质中含粗蛋白质 7.74%，粗脂肪 1.79%，粗纤维 15.48%，无氮浸出物 69.04%，粗灰分 5.95%；叶干物质中含粗蛋白质 15.29%，粗脂肪 3.72%，粗纤维 7.85%，无氮浸出物 58.27%，粗灰分 14.87%。块根及叶营养丰富，适口性好，为牛、羊、猪所喜食。

基础原种 由青海省铁卜加草原改良试验站保存。

适应地区 青藏高原海拔 3 000～4 200m，年均温－5～4℃的高寒地区均可种植。

大 戟 科

木薯属 *Manihot* Mill.

华南 5 号木薯

Manihot esculenta Crantz cv. Huanan No. 5

品种登记号 219

草种名称 木薯

品种名称 华南 5 号

登记日期 2000 年 12 月 25 日

育种者 中国热带农业科学院热带作物品种资源研究所。林雄、李开绵、黄洁、许瑞丽、张伟特。

品种来源 木薯 ZM8625×SC8013 的 F1 代优良单株无性系后代，经无性系的系统选择而育成。

育种方法 1990 年用木薯 ZM8625 为母本，SC8013 为父本进行杂交，获得杂交种子。于 1991 年繁殖 F1 代，评选优良单株，经无性系系统选育而成。

形态特征 大戟科木薯属多年生直立亚灌木。株高 200～300cm，分枝部位低，分叉角度大，株形呈伞状，茎圆形灰白色，有蜡质，内皮浅绿色，基部浅红色，嫩茎五棱形，具帽状叶痕。单叶、互生，掌状深裂，裂片 5～7

片，线形至披针形，叶柄绿带红色。圆锥花序，着生顶端分叉处，雌雄同序异花，浅黄色。种子肾形，褐色，种皮坚硬，光滑，有黑色斑纹。结薯集中，掌状平伸，薯块粗壮，大小均匀，纺锤形或圆柱形，表皮浅黄色，内皮粉红色。

生物学特性 中早熟品种，喜温热、湿润、光照充足的生长环境，耐旱、耐瘠、抗病虫害。对土壤要求不严格，可在 pH4～8 的土壤上生长。不耐荫蔽，怕水渍，不宜在排水不良的地方种植。块根含干物质 37%～42%，淀粉 28%～32%，粗蛋白质 1.8%，HCN50～70mg/kg；嫩茎叶干物质中含粗蛋白质 18.00%～35.00%。青贮喂猪适口性好，粗薯粉和叶粉可制作畜禽配合饲料。在海南、广西等地种植，年均鲜薯产量达 31～45t/hm^2。

基础原种 由中国热带农业科学院热带作物品种资源研究所保存。

适应地区 年均气温 16℃以上，无霜期 8 个月以上的南亚热带地区均可种植。

华南 6 号木薯

Manihot esculenta Crantz cv. Huanan No. 6

品种登记号 232

草种名称 木薯

品种名称 华南 6 号

登记日期 2001 年 12 月 22 日

育种者 中国热带农业科学院热带作物品种资源研究

所。李开绵、林雄、黄洁、叶剑秋、许瑞丽。

品种来源 1990年引自泰国木薯OMR33－10自然杂交种子繁殖选育的优良单株的无性系后代。

育种方法 无性系系统选育而成。

形态特征 大戟科木薯属多年生直立亚灌木。株高150～200cm，顶端分枝部位高，分枝短，株型紧凑，老茎灰白色。单叶互生，螺旋状排列，叶片掌状深裂，裂片5～7片，披针形，叶柄紫红色。茎圆形，灰绿色、光滑、有蜡质，内皮浅绿色，具有乳管，含有白色乳汁。圆锥花序，着生于顶端分叉处，雌雄同序异花，浅黄色。种子扁长，肾状，褐色，种皮坚硬、光滑、有黑色斑纹，为杂合体。结薯集中，薯块大小均匀，大薯率高，株间产量均衡。薯皮薄、光滑、浅黄色、内皮白色。

生物学特性 中早熟品种，喜温热湿润，光照充足的生长环境，耐旱，抗病虫，对土壤条件要求不严，但不耐水渍，不宜在排水不良的地方栽培。用种茎进行无性繁殖。块根含干物质38%～41%，淀粉30%～34%，HCN 50～60mg/kg。嫩茎叶干物质中含粗蛋白质18.00%～25.00%，可青贮喂猪。干薯粉和叶粉可制成配合饲料。在海南、广西、云南等地种植，年均鲜薯产量达30～45t/hm^2。

基础原种 由中国热带农业科学院热带作物品种资源研究所保存。

适应地区 在年均气温16℃以上，无霜期8个月以上的南亚热带地区均可种植。

华南7号木薯

Manihot esculenta Crantz cv. Huanan No. 7

品种登记号 295

草种名称 木薯

品种名称 华南7号

登记日期 2004年12月8日

育种者 中国热带农业科学院热带作物品种资源研究所。李开绵、黄洁、李琼、叶剑秋、许瑞丽。

品种来源 1987年利用华南205木薯的自然杂种F1代优良单株无性系后代，经系统选育而成。

育种方法 无性系系统选育而成。

形态特征 大戟科木薯属多年生直立亚灌木。株高200～300cm，顶端分枝部位高，分叉角度较大，株型呈伞状，一般分叉3～4个，嫩茎五棱形，有帽状叶痕，成熟茎圆形，外皮红褐色，有蜡质，内皮浅绿色。单叶互生，螺旋状排列，掌状深裂，裂片披针形，暗绿色，叶柄红色。圆锥花序，着生顶端分叉处，花浅黄色。种子肾形，褐色，种皮坚硬，光滑，有黑色斑纹，为杂合体。结薯集中，掌状平伸，薯块大小均匀，大薯率高，外皮褐色光滑，内皮紫红色，肉质白色。

生物学特性 用种茎进行无性繁殖，无主根，只有不定根。耐干旱，抗病虫，无流行病虫害发生，耐贫瘠土壤，在pH4～8的土壤上生长良好。块根含干物质33%～39%，淀粉26%～32%，氰氢酸50～75mg/kg。嫩茎叶干物质中含粗蛋白质 19.00%～36.00%。适口性好。鲜薯产量可达 41～43 t/hm²。是猪禽的优良饲料。

基础原种 由中国热带农业科学院热带作物品种资源研究所保存。

适应地区 在年均气温 16℃以上，无霜期 8 个月以上的南亚热带地区均可种植。

华南 8 号木薯

Manihot esculenta Crantz cv. Huanan No. 8

品种登记号 296

草种名称 木薯

品种名称 华南 8 号

登记日期 2004 年 12 月 8 日

育种者 中国热带农业科学院热带作物品种资源研究所。叶剑秋、黄洁、郑玉、李开绵、许瑞丽。

品种来源 1996 年引自泰国的木薯 CMR38-120 自然杂交 F1 代优良单株的无性系后代。

育种方法 无性系系统选育而成。

形态特征 大戟科木薯属多年生直立亚灌木。株高 180～250cm，顶端分枝部位高，分枝短，株型紧凑。嫩茎五棱形，有帽状叶痕；成熟茎圆形，外皮灰绿色，有蜡质，内皮深绿色。单叶互生，螺旋状排列，掌状深裂，裂片披针形，叶柄绿色，叶节密。圆锥花序，浅黄色，着生顶端分叉处。种子肾形，褐色，种皮坚硬，光滑，有黑色斑纹，为杂合体。无性繁殖，无主根只有不定根，能忍耐干旱。结薯集中，掌状平伸，薯块大小均匀，大薯率高，圆锥形，薯外皮光滑，黄白色，内皮白色，肉质白色。是畜禽的优质饲料。

生物学特性 抗病虫，耐干旱，耐酸性土壤。块根含干物质38%～42%，淀粉31%～32%，氰氢酸50～75mg/kg，嫩茎叶干物质中含粗蛋白质18.00%～35.00%。适口性好。鲜薯产量可达41～42 t/hm^2。

基础原种 由中国热带农业科学院热带作物品种资源研究所保存。

适应地区 在年均气温16℃以上，无霜期8个月以上的南亚热带地区均可种植。

华南9号木薯

Manihot esculenta Crantz cv. Huanan No. 9

品种登记号 320

草种名称 木薯

品种名称 华南9号

登记日期 2005年11月27日

育种者 中国热带农业科学院热带作物品种资源研究所。黄洁、叶剑秋、李开绵、陆小静、许瑞丽。

品种来源 1990年利用海南地方收集的优良单株，经多代无性系系统选育而成。

育种方法 系统选育法。

形态特征 大戟科木薯属多年生直立灌木。株型紧凑呈伞状。株高中等，顶端分枝角度小，分枝短，一般分叉3～5个，顶端嫩茎绿色，成熟老茎外表皮黄褐色，内表皮浅绿色。单叶互生，呈螺旋状排列，叶裂片椭圆形，暗绿色，叶柄红带乳黄色，叶节密。圆锥花序顶生及腋生，单性花。蒴果，椭圆形。种子扁长，千粒重 57～74g。

生物学特性 结薯集中，掌状平伸，薯块大小均匀，圆锥形。无流行病虫害发生，耐旱、耐瘠、适应性强，在 pH4～7 土壤条件下生长良好。平均产鲜薯 22.5～30.0 t/hm^2。块根含干物质 41%～42%，淀粉 30%～33%，氢氰酸 30.5mg/kg，鲜薯干物质中含粗蛋白质 3.2%，嫩叶干物质中含粗蛋白质 18.00%～35.00%，适口性好，薯块可食用或饲用，叶可作青贮饲料。是猪禽的优质饲料。

基础原种 由中国热带农业科学院热带作物品种资源研究所保存。

适应地区 年平均温度在 16℃以上，无霜期 8 个月以上的南亚热带地区。

华南 10 号木薯

Manihot esculenta Crantz cv. Huanan No. 10

品种登记号 335

草种名称 木薯

品种名称 华南 10 号

登记日期 2006 年 12 月 13 日

育种者 中国热带农业科学院热带作物品种资源研究所。李开绵、叶剑秋、黄洁、闫庆祥、张振文。

品种来源 以木薯 CM4042 为母本，以 CM4077 为父本杂交获得杂种一代（F1），经无性系多代评选育成。

育种方法 采用杂交一代无性系，进行无性系后代的系统选择法选育。1988年以木薯CM4042为母本，以CM4077为父本进行杂交，获得杂交种子，1988年繁殖F1，并评选优良单株，其年度株号为ZM8803，经株系比较、品系比较等系统评选而成。

形态特征 大戟科木薯属多年生亚灌木。顶端分枝部位高，分叉角度小，株型紧凑，株高250～300cm。块根长圆柱形。茎秆粗大，有节。叶片掌状深裂，裂片5或7片，线形，长15～20cm，宽2～3cm。圆锥花序，雌雄同序异花。种子肾形，褐色。生产上以种茎进行无性繁殖。

生物学特性 耐旱耐瘠，经90天长期干旱，久晒不死，可在pH4～8的土壤条件下生长。抗风性强。无流行性病虫害。较晚熟，种植后10个月可收获薯块。结薯集中，掌状平伸，浅生，薯块粗壮，大小均匀。鲜薯产量可达30～45t/hm^2。块根含干物质39%～42%，淀粉30%～32%，HCN50～75mg/kg。嫩茎叶干物质中含粗蛋白质19%～35%。青贮后饲喂猪适口性好，粗薯粉和叶粉配合后可代替玉米饲喂鸡。

基础原种 由中国热带农业科学院热带作物品种资源研究所保存。

适应地区 年平均温度大于16℃，无霜期8个月以上的热带和南亚热带地区。

参 考 文 献

[1] 全国牧草品种审定委员会编. 中国牧草登记品种集. 北京：北京农业大学出版社，1992

[2] Edited by the Chinese Herbage Cultivar Registration Board. LICENSED CULTIVARS OF HERBAGE CROPS IN CHINA. Beijing：Beijing Agricultural University Press，1992

[3] 全国牧草品种审定委员会编. 中国牧草登记品种集（修订版）. 北京：中国农业大学出版社，1999

[4] 全国牧草品种审定委员会. 牧草和饲料作物新品种. 草地学报. 2001：9（4）313～318

[5] 全国牧草品种审定委员会. 牧草和饲料作物新品种. 草地学报. 2002：10（2）151～156

[6] 全国牧草品种审定委员会. 牧草和饲料作物新品种. 草地学报. 2003：11（3）269～276

[7] 全国牧草品种审定委员会. 牧草和饲料作物新品种. 草地学报. 2004：12（4）341～346

[8] 全国草品种审定委员会. 2006 年全国草品种审定委员会审定通过的草品种名录（一）. 草业科学. 2007：24（5）99～101

[9] 全国草品种审定委员会. 2006 年全国草品种审定委员会审定通过的草品种名录（二）. 草业科学. 2007：24（6）101

[10] 全国草品种审定委员会. 2006 年全国草品种审定委员会审定通过的草品种名录（三）. 草业科学. 2007：24（7）108～109

[11] 全国草品种审定委员会. 2006 年全国草品种审定委员会审定通过的草品种名录（四）. 草业科学. 2007：24（8）100～101

[12] 全国草品种审定委员会.2006年全国草品种审定委员会审定通过的草品种名录（五）.草业科学.2007：24（9）99～101

[13] 中华人民共和国农业行业标准.草品种审定技术规程.NY/T 1091—2006.北京：中国农业出版社，2006

拉丁名索引

第三届全国牧草品种审定委员会组成人员名单

(1996—2000)

名誉主任：洪绂曾　农业部
　　　　　黄文惠　中国农业科学院畜牧研究所
主任委员：苏加楷　中国农业科学院畜牧研究所
副主任委员：李守德　农业部畜牧兽医司草原处
　　　　　曹致中　甘肃农业大学草业学院
秘 书 长：张文淑　中国农业科学院畜牧研究所
委　　员：云锦凤　内蒙古农牧学院草原系
　　　　　车敦仁　青海省畜牧兽医科学院草原研究所
　　　　　白淑娟　江苏省农业科学院土肥研究所
　　　　　贠旭疆　全国畜牧兽医总站饲草饲料处
　　　　　刘自学　北京克劳沃草业技术开发中心
　　　　　刘国道　华南热带牧草研究中心
　　　　　闫贵兴　中国农业科学院草原研究所
　　　　　张喜武　农业部畜牧兽医司科技处
　　　　　张安时　农业部畜牧兽医司草原处
　　　　　杨　珍　内蒙古自治区草原站
　　　　　杨中艺　中山大学生物学系

杨茁萌　新疆农业大学畜牧学院
杨兆宇　云南省草山饲料站
罗新义　黑龙江省畜牧研究所
赵美清　山西省农业科学院畜牧兽医研究所
郭万祥　四川省草原工作总站
夏　彤　吉林省农业科学院畜牧分院
高振生　中国农业大学草地研究所
鲍健寅　湖北省农业科学院畜牧兽医研究所
赖志强　广西壮族自治区畜牧研究所

第四届全国牧草品种审定委员会组成人员名单

（2001—2005）

名 誉 主 任：洪绂曾　农业部

主 任 委 员：苏加楷　中国农业科学院畜牧研究所

副主任委员：王晓斌　农业部畜牧兽医局草原处

曹致中　甘肃农业大学草业学院

秘　书　长：张文淑　中国农业科学院畜牧研究所

委　　　员：云锦凤　内蒙古农业大学生态环境学院

车敦仁　青海省畜牧兽医科学院草原研究所

王彦荣　甘肃省草原生态研究所

白淑娟　江苏省农业科学院土肥研究所

贠旭疆　全国畜牧兽医总站饲草饲料处

刘自学　北京克劳沃草业技术开发中心

刘国道　中国热带农业科学院热带牧草研究中心

张　博　新疆农业大学畜牧学院

张新跃　四川省草原工作总站

周　禾　中国农业大学草地研究所

杨中艺　中山大学生物学系
杨兆宇　云南省草山饲料站
罗新义　黑龙江省畜牧研究所
赵美清　山西省牧草工作站
赵景峰　内蒙古自治区草原站
徐安凯　吉林省农业科学院畜牧分院
黄祖杰　中国农业科学院草原研究所
鲍健寅　湖北省农业科学院畜牧兽医研究所
赖志强　广西壮族自治区畜牧研究所

第五届全国草品种审定委员会组成人员名单

（2006— ）

名誉主任：洪绂曾　全国政治协商会议常务委员会

主　　任：宗锦耀　农业部畜牧业司、草原监理中心

副 主 任：陈伟生　全国畜牧总站

苏加楷　中国农业科学院畜牧研究所

曹致中　甘肃农业大学草业学院

委　　员：于林清　中国农业科学院草原研究所

云锦凤　内蒙古农业大学生态环境学院

王晓斌　农业部畜牧业司草原处

尹　俊　云南省草山饲料站

贠旭疆　全国畜牧总站草业处

刘自学　北京克劳沃草业技术开发中心

刘国道　中国热带农业科学院热带作物品种资源研究所

刘建秀　江苏省中国科学院植物研究所观赏植物研究中心

毕玉芬　云南农业大学动物科技学院

张智山　农业部畜牧业司草原处

张　博　新疆农业大学草业工程学院
张新全　四川农业大学草业科学系
张新跃　四川省草原工作总站
李　聪　中国农业科学院畜牧研究所
杨中艺　中山大学生物学系
周　禾　中国农业大学草地研究所
周青平　青海省畜牧兽医科学院草原研究所
罗新义　黑龙江省畜牧研究所
赵美清　山西省牧草工作站
赵景峰　内蒙古自治区草原工作站
徐安凯　吉林省农业科学院畜牧分院
赖志强　广西壮族自治区畜牧研究所
鲍健寅　湖北省农业科学院

办公室主任：陈伟生（兼）　全国畜牧总站

办公室副主任：张智山（兼）　农业部畜牧业司草原处
贠旭疆（兼）　全国畜牧总站草业处

农业部办公厅关于调整第五届全国草品种审定委员会成员的通知

农办牧［2007］52号

各省、自治区、直辖市畜牧（农牧、农林）厅（局）、农（牧）业科学院（所）、农（牧）业大学，有关单位：

因工作调动，现将第五届全国草品种审定委员会（农牧发［2006］014号文）主任宗锦耀调整为畜牧业司副司长杨振海，副主任（兼办公室主任）陈伟生调整为全国畜牧总站副站长沙玉圣。请各单位继续支持委员会的工作。

特此通知

二〇〇七年十一月八日

禾本科

1．蒙农杂种冰草

2．蒙农1号蒙古冰草

3．粤选1号匍匐翦股颖建植的简易高尔夫球场果岭草坪

4．锋利燕麦

5．华南地毯草

6．热研 6 号珊状臂形草

7. 热研15号刚果臂形草

8. 中坪1号野牛草的母本（1号纯雌性植株无性系）

9. 中坪1号野牛草的父本（1号纯雄性植株无性系）

10. 中坪1号野牛草

11. 喀什狗牙根

12. 南京狗牙根

13. 宁夏无芒稗

14. 安巴鸭茅

15. 青牧1号老芒麦

16. 同德老芒麦

17. 美洲虎3号高羊茅

18. 青海中华羊茅

19. 军需1号野大麦

20. 蓝天堂多花黑麦草

21. 长江2号多花黑麦草

22. 钻石T多花黑麦草

23. 杰威多花黑麦草

24. 特高德（特高）多花黑麦草

25. 卓越多年生黑麦草

26. 热研8号坚尼草

27. 热研9号坚尼草

28．热研11号黑籽雀稗

29．桂牧1号杂交象草

30．邦得1号杂交狼尾草

31. 威提特东非狼尾草

32.青海冷地早熟禾

33. 午夜草地早熟禾

34．青海扁茎早熟禾

35．中饲507黑麦

36．吉农朝鲜碱茅

37．吉甜3号甜高粱

38．中饲828小黑麦

39．天农2号高粱—苏丹草杂交种

40．吉饲8号青贮玉米

41．吉饲11号青贮玉米

42．辽原 2 号青饲玉米

43．龙辐单 208 青贮玉米

44．新沃 1 号青贮玉米

45．华南半细叶结缕草

豆 科

46. 闽引羽叶决明

47. 阿玛瑞罗平托落花生

48. 中沙1号沙打旺

49. 威恩圆叶决明

50. 热研16号卵叶山蚂蟥

51. 新引1号东方山羊豆

52．赤峰山竹岩黄芪

53．科尔沁尖叶胡枝子

54．迈尔斯罗顿豆

55. 色拉特罗大翼豆

56. 呼伦贝尔黄花苜蓿

57. 陇东天蓝苜蓿

58．龙牧806苜蓿

59．保定苜蓿

60．皇冠紫花苜蓿

61. WL232HQ
紫花苜蓿

62. WL323ML
紫花苜蓿

63. 中苜2号
紫花苜蓿

64. 中苜3号紫花苜蓿

65. 赤草1号杂花苜蓿

66. 草原3号杂花苜蓿

67．热研 17 号爪哇葛藤

68．赣饲 5 号葛

69．热研 5 号柱花草

其他科

74．中饲甜201饲用甜菜

75．玉树莞根

76.华南10号木薯(茎叶、青贮用)

77．华南10号木薯（块根）

70．热研7号柱花草

71．热研10号柱花草

72．海法白三叶

73．沙弗蕾肯尼亚白三叶